这世界很烦，但你要很可爱

杨红 著

中国画报出版社·北京

图书在版编目（CIP）数据

这世界很烦，但你要很可爱 / 杨红著. -- 北京 : 中国画报出版社, 2025. 4. -- ISBN 978-7-5146-2390-1

Ⅰ. I267

中国国家版本馆CIP数据核字第2025PC2229号

这世界很烦，但你要很可爱

杨红 著

出 版 人：方允仲

责任编辑：田朝然

责任印制：焦 洋

出版发行：中国画报出版社

地　　址：中国北京市海淀区车公庄西路33号

邮　　编：100048

发 行 部：010-88417418　010-68414683（传真）

总编室兼传真：010-88417359　版权部：010-88417359

开　　本：32开（880mm×1230mm）

印　　张：7

字　　数：135千字

版　　次：2025年4月第1版　2025年4月第1次印刷

印　　刷：天津旭非印刷有限公司

书　　号：ISBN 978-7-5146-2390-1

定　　价：49.80元

所钟爱的一道美食、一部电影、一幅名画……都会展现自己独有的风格和精神气质。而选择它们，归根结底是出自我们对自己的爱与欣赏。

在这个宇宙里，每一个你都是特别的，正如属于你的每一个时刻都在独一无二、不可替代地发生着。所以你最不需要担心的，就是“不够特别”这件事情。

你不能期待每件事情都在你需要时贴着加急标签飞奔而来。更何况，有些东西迟迟不来，可能是因为它太珍贵。

假如你想要对这个世界说些什么，希望你念念不忘的不是那些无法避免的不完美，而是一路走了这么远，始终有这么多奇迹般的温暖点缀。

请珍惜你身上那份神奇的、与众不同的能力。无论它现在看起来多么奇怪，多么无用，甚至有些离经叛道。请你用力地、勇敢地珍爱它——因为终有一天，它会成为令你喜欢上自己最坚实的理由。

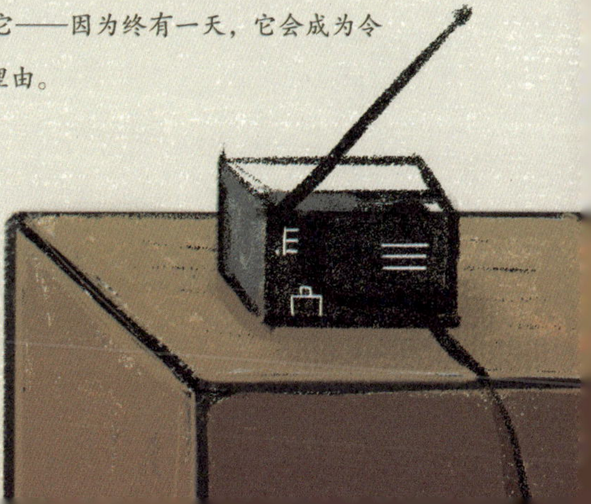

只有把自己的人生经营好了，让自己的内心充满真诚和善意，才会有更多的精力去爱别人。

成熟是一种不外流的智慧，它来源于经历，来源于沉淀，唯独不来源于心急。

既然取悦不了所有人，何不做那个最真实的自己，敢于直面那些质疑你、打击你的人，坦然接受那些不被理解的事实，然后用自己喜欢的方式，过好余生的每一天。

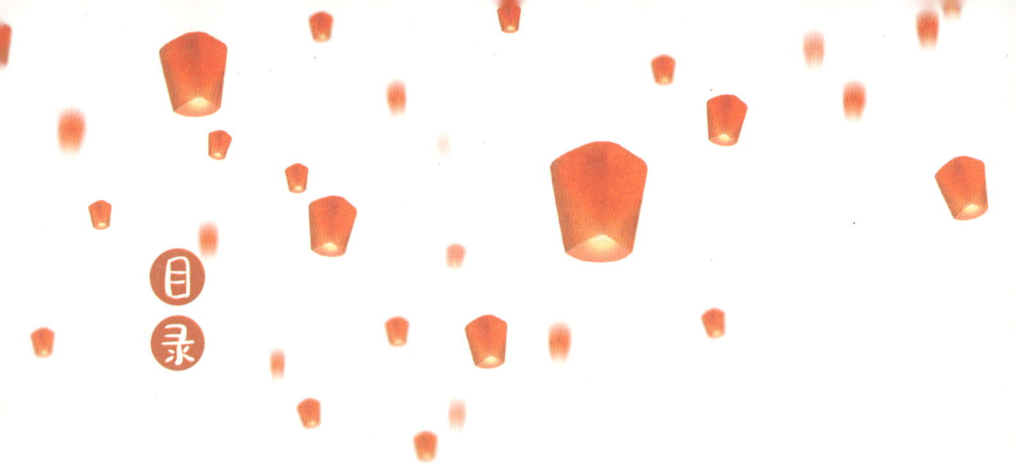

目录

第一章 永远不要蓬头垢面地面对这个世界

第二章 你的特别，只有喜欢你的人懂

第三章 纵有万般心碎，也要笑得甜美

第四章 你有修养的样子，真的很迷人

第五章　经历过依赖的痛，再走向独立的美

第一章

永远不要蓬头垢面地面对这个世界

不管世界是什么样子，你都要活出自己的样子。你要相信，你配得上所有的好。拒绝潦草的生活方式，每天都活得光鲜靓丽。

世界美丽而纷忙，一刻都不停歇

01

在宿舍里，甚至在我所有的同学、朋友中，我一向是最能赖床的一个。

我时常会在八九点钟醒来后，躺在床上思考一下早饭吃什么，由此联想到博大精深的中华美食文化。半小时后，发现自己已经错过早饭时间，便有些惆怅地闭上眼睛沉默一会儿。然后感到躺得有些乏味，便会坐起来，依旧只有脑袋露出被窝，安静乖巧地看一会儿天花板。

某日，室友吃完午餐归来，看到我抱着被子乱着头发傻傻地微笑，忍不住翻白眼："真是服了你了，你就没什么事要做吗？"

我想了想——课都上完了，论文离"死线"还早，便放心地回答："没什么事要做。"

继而看到室友眼神里闪过的一丝鄙夷，我又赶忙跟她讲起一段我钟爱的舒国治关于“赖床”的精妙言论：

赖床，是梦的延续，是醒着来做梦。是明意识却又半清半朦地往下胡思滑想，却常条理不紊而又天马行空、意识乱流、东跳西蹦地将心思涓滴推展。

它是一种朦胧，不甘立时变成清空无翳。它知道这朦胧迟早会大白，只是在自然大白前，它要永远是朦胧。

它又是一番不舍，是令前一段状态犹作留续，无意让新起的任何情境阻断代换。

早年的赖床，亦可能凝熔为后日的深情。哪怕这深情未必见恤于良人、得识于世道[1]。

室友大呼“赖床症患者一家亲”，又指着我书桌上贴着的打油诗，“说真的，你真觉得这样的生活没有任何改变的必要？”

说起这首打油诗，可谓我真实生活的写照。我在某个起床后的中午迸发了灵感，一挥而就，从此就秉持着勇于自嘲的精神，将它大大方方贴在书桌上：

[1] 舒国治. 理想的下午［M］. 北京：中国友谊出版社，2023.

周一 托腮发呆

周二 起床失败

周三 闲吃外卖

周四 神游天外

周五 玩玩游戏

周六 发发感慨

周日 通宵奋战

百般懊悔欲哭无泪“死线”到来

正当我又要义正词严解释一下赖床的好处的时候，室友突然换了一副表情，眼神飘向远方，幽幽地开口说：“唉——想当年，高中时候的我也是要多懒有多懒，只要没有早自习，一定睡到食堂早饭都卖完……”

我尽量不去在意她直接将赖床等同于“懒”这件事，好奇地追问：“后来你是怎么好起来的？”

她想了想，似乎下定决心般地告诉我：“其实高中时的我，差不多有现在一个半那么重。”

我正要说“天哪”，就被她一眼瞪了回去。

“高中时，我暗恋我们班一个男生，一直小心翼翼的，不敢跟任何人说。结果突然有一天，我发现那个男生谈恋爱了，跟我们班一个瘦到能被风吹走的女生在一起了……”

我有些同情地握住她的手：“你一定很伤心吧？她大概只有当时的你三分之一重。”

室友瞪我一眼，继续说：“这还不是最刺激到我的点。有一天我走在他们后面，他们没注意，竟然听见他俩在前面议论我……那个女生说：‘你有没有感觉到××（室友名）总在看你啊？’那个男生说：‘没有吧，她那么胖，可能是想看别人结果块头太大不小心看了一片人。’”

我惊呆了，这样带有羞辱性的玩笑，竟然从自己暗恋的男生口中说出，简直让人没法接受。

但室友显得很淡定：“后来我就每天早起疯狂跑步，吃饭也不敢吃饱，半个多学期后瘦下来了，然后去向那个男生表白。”

我很紧张：“结果呢？你把他追到手又把他甩了，是不是？”

然而现实并不是大快人心的狗血剧。

室友依旧淡定：“不是。他没有答应我。不过转身那一刻，我觉得，其实我已经不在乎他的回答了。因为他曾经的一句话，让我瘦下来那么多，变成了我自己从没想过可以成为的样子。这不是很幸运吗？”

我不知该说什么，感慨地点了点头。

室友将我的被子一把掀起来：“最值得说的是，从此我彻底告别了赖床。”

02

和室友聊完天后，我突发奇想：生活中赖床的人真的是少数吗？会不会大家其实都有曾经赖床，后来改变的经历，而我只是还没遇见那个促使自己起床的动力呢？

于是，我从几个相熟的朋友开始，展开了名为“赖床症是如何终结的”的小型谈话调查。

得到的结果出乎我的意料——几乎每一个现在看来无比勤勉的人，都曾经有过赖床不起的“病史”。

在多次谈话中，赖床者们都叙述了那些让自己从床上“爬起来”奔向梦想的拼搏岁月。

最终，他们的总结自然也同我的室友如出一辙——

“从此，我的赖床症不治而愈。”

受到朋友们的大力鼓舞后，我痛定思痛，反省了自己赖床的危害及奋斗的必要。

然而不幸的是，在坚持了三天之后，我的赖床症就再次发作了……

当室友要拉我起床的时候，我抓住被子捂住脸大喊：“我真的不要起来！我起来了也没事做！”

所幸，这并不是故事的结尾。

大约一周后，我接到了一本书的合约。我很希望将它写好，所以我决定在并不宽裕的时间里翻阅大量相关材料，来避免自己的作品变成一本无聊的商业垃圾。

之后三个月的时间里，我几乎每天都要早起去图书馆占座，然后捧着借好的书籍静静地开始阅读和记录。

直到后来我发现，不知不觉中，我已经不需要翻阅材料了，可我依然在每个清晨开心地读着书。

我喜欢在室外弥漫着青草味的草坪上读日本文学，最近在看的是《枕草子》；喜欢在图书馆靠窗的位置读诗，一直钟爱民国诗作；还喜欢坐在教室明亮的灯光下看短篇小说，哈代或者博尔赫斯都是不错的选择。

那么，赖床症究竟是如何终结的呢？

我想我们每个人都知道答案。

03

有了自己需要为之奋斗的目标，你便会从终日的慵懒中振作起来，摒除杂念，逃离懒惰，再也不甘于留恋床铺上没做完的白日梦。

所有赖床般拖拖拉拉的“温柔情怀”，最终都会果断地终结于梦想的召唤。

如果你担心自己已经患了赖床症太久，生怕来日不可追，不必烦忧，不妨拿出一句话来与你共勉：

重要的不是你何时开始，而是一旦开始，就不要停止。

祝愿每个善良而又温柔的孩子，都能摆脱拖延症和赖床症的困扰，早日告别无尽的“白日梦”，走出房间，看看这个美丽而纷忙、一刻都不停歇的世界。

让自己成为自己的偶像

01

左拉并不是特别漂亮，但大家对她的印象却很深刻，因为她是一个特立独行的女子。

她每年都在变化，变得不是一点点，而是翻天覆地地变。两年前你以为她是可爱害羞的姑娘，两年后她就变成了女汉子；两年前你认为她喜欢安静，两年后你发现她做了很多冒险的事儿；两年前她选择一个酷酷的事业型的男生做男友，两年后她跟会撒娇卖萌的“90后”男孩谈姐弟恋。

她的每次变化都让我们惊讶：天啊，这还是我们当初认识的左拉吗！

上初中的时候，她留着黑黑的长发，一看就是个羞涩的女生。班里有男生问她问题，她的脸就会瞬间红起来，像洋娃娃般惹人怜爱。但到第二学期，左拉小姐一进教室，我们都惊呆了，她竟然剪了寸头，还穿着宽大的街舞服，一副“小太妹”的模样。

她说自己喜欢上了一个韩国偶像组合，所以在刻意模仿。

她开始与班里的男生称兄道弟，常常为被欺负的女生打抱不平。她的眼神变得狡黠了起来，失去了原有的纯净。

后来，左拉小姐进了省重点。再次见到她时，她又重新变回了那个安静内向的姑娘。

她没偶像了，不知道高中三年里要成为谁。

她长了一脸痘痘，没有了曾经的漂亮可人。

没过多久，她忽然变得坐有坐相、站有站相了，一副端庄淑女范儿。她说：“我没有外在美，就要让大家看见我的内在美。我要成为才女。”

一心想做才女的她，阅读《呼啸山庄》等各类名著，每周都给某杂志投稿。高中三年过去了，她成了该杂志社的通讯小记者，文章频频刊登在该杂志上，而她高考时，语文考了全校第一。她已经是大家公认的才女。

上大学后，左拉小姐谈了一场又一场恋爱。追过系里的大才子，还与全校最有名的校草谈过几个月恋爱。

我们问她在模仿谁，她笑言，校园言情小说里的女主角。

毕业了，我们都在为就业问题发愁的时候，左拉小姐已经收到了四份工作录取通知。她要去外企，成为一位外企女白领。

在外企的三年里，她经常出差、加班，但她从不抱怨。后来，她又与销售总监谈恋爱了，看起来沉稳大气了许多。当我们都以为左拉小姐已经安定下来时，她却因自己与销售总监的地位不匹配而分手，又回学校念MBA（工商管理硕士）了。她说，最好的报复是与他站在同一个平台上，成为他的竞争对手。

其间，她爱上一个男孩，他也在读MBA，可是男孩总说工作很忙，两人互相不理解，很快便分道扬镳。之后，她去纽约做交换生，与知名企业家站在了一起。

她考了潜水证，然后，又去非洲当志愿者……

02

我们一直待在小小的角落里，按部就班地工作、生活，左拉却随心所欲地操控着自己的人生。她跳街舞拿到了第一名，说当才女就能成为才女，爱情如她的生活一般绚烂，工作也永远朝着梦想前进。因为特立独行，她把每一个阶段都过得非常耀眼。

我们没有特立独行的勇气与冲劲，所以也看不到特立独行的人所看到的风景。

多年以后，再次见到依然单身的左拉时，她已经创业了。此时的她，气质干练、眼神清亮，却没有了青葱岁月里的欲望与野心。

她已经没有偶像了。

这些年，她看过了太多风景，每次欲望得到满足后，都会有一阵失落感。后来她才明白，那些所谓的偶像，不过是她幻想的美好。她希望自己成为美好，于是她不断地成为别人。但在模仿别人的时候，她却迷失了自己。

“但我不否定我的过去，”左拉说，“正因为经历了过去，我才能明白自己。我不想再成为其他任何人，只想成为我自己。哪怕身上的所有附加物都没有了，至少还有我自己。”

其实，只要你一直在路上，总有一天会看到自己。

每一个人都能成为特立独行的自己。

姑娘，不要让别人成为你的偶像，而是要让自己成为别人的偶像。不怕在自己的梦想里跌倒，只怕在别人的轨迹中迷路。任何时候都别忘了，借鉴只是方法，而独创才是目的。人生哪有绝对的偶像，有一颗闪闪发光的心，你的宇宙就会充满光芒。

活得漂亮了，人自然也会漂亮

01

最近我在网络上看到一组标题为“整容浩劫”的图片，点了进去，映入眼帘的是一个个整容失败的案例。震撼之余，就想写一篇关于内在美与外在美的文章。虽然这已经是一个老生常谈的话题，可即便道理我们都听过，却还是有人想不明白。

现在大家生活富裕了，物质条件好了很多，于是就有了更高的追求，有时还会生出一些让人匪夷所思的欲望来，比如觉得自己下巴不好看，整整下巴；三围不满意，重塑三围；腿不够长不够直，也要修复修复。

我认识一个姑娘，双眼皮，尖下巴，身材也非常苗条，往人群中一站，立马就会变成焦点，简直就和电视上那些明星一般耀眼。可是她却仍不满意，她觉得自己的眼睛不够好看，没过多久就去韩国做了双眼皮抽脂手术。回来之后，兴高采烈地眨巴着眼睛问我变好看了没有。

老实说，她做了这个手术之后，我并未感到她有多大变化，但为了不伤她的自尊心，我不得不夸赞她比以前好看了。

过了一段时间，她觉得自己的鼻子不如某某明星的好看，又消失了好几个月。等我们再见面的时候，她的鼻子高挑了很多。她依旧兴高采烈地问我："怎么样？我的鼻子比某某的好看吧？"

她是变化了很多，但也仿佛变了个人，让我很不适应。

谁承想她还整容整上瘾了，天天对自己这里不满意，那里不满意。后来她家人终于受不了了，带她去做了心理治疗。从那以后，我们再也没有联系过。

以前我经常问她一个问题："你为什么要去整容呢？"虽然只是微整，可微整也算整容啊。

我从她那得到的答案是："我想要更好看啊！"

我问她："你已经很漂亮了，为什么还想要更好看呢？"

她说："如果我更漂亮了，就会有更多的机会，我也会变得更加自信。"

我继续问道："你已经整了两个地方了，你觉得你的机会多了吗？有更多的自信了吗？有如磁石一般的气场了吗？"

事实上，她没有。她只是有的时候在街上被人多看了几眼而已，并没有成为“万人迷”。

靠美貌得来的机会真的可以长久攥在手中吗？每个人都不可能逃脱人生的规则，生老病死都不是以人的意志为转移的。当容颜不再时，那些本来不属于你的机会也会悄悄溜走的。你能用美貌赚得的东西，别人也能用美貌夺走。我们不是明星，过的都是柴米油盐的生活，不需要依靠自己的颜值来吸引粉丝。也许漂亮一点儿，会收获比常人高的回头率，也有可能因此得到更多的关注，可是这些并不能决定你的终身幸福。

02

前几天，我在网上看到一个帖子，发帖的是一个姑娘，全文都在控诉她的男朋友，说她的男朋友对前女友有求必应，分手那么久还念念不忘，这让她实在受不了。她不明白，他前女友长得没她漂亮，他为什么对前女友念念不忘呢？末了，她还附上了两张照片，一张是她男朋友的前女友，一张是她自己。

帖子后面跟了很多评论，有人支持现女友，也有人支持前女友，毕竟每个人的审美各不相同，喜好也千差万别。

但这个姑娘犯了一个非常严重的错误，她不知道，爱情的内涵毕竟不是一句“你比她漂亮”就能诠释的，它包含的是更多深层次的东西。如果这个姑娘没有厘清这些事情，自然也就不可能得到她的爱情，她的男朋友最终也会离开她。

长得漂亮不是本事，活得漂亮才是本事。就像网上流传的那句话：“扬在脸上的自信，长在心底的善良，融进血液的骨气，刻进生命的坚强。”真正精彩的人生依靠的是内在的修养，而绝不仅仅是姣好的容貌。这不仅是对女人说的，对男人也同样适用。

我曾经也以为长得好看很重要，自己因为长相普通，甚至一度自卑敏感。而如今，到了三十多岁的年纪，当再好好审视这个世界的时候，我发现生活其实都是过给自己看的，刻意追求外貌上的漂亮可能会成为一种心魔，能把自己的人生过得丰富多彩才最重要。沉淀自己的内心，拥抱你眼前的这个世界，享受人生，才是正经事。为了一点点虚荣心就与自己过不去，拿自己的身体当试验田，真的是无比愚蠢的行为。

03

也许你的容貌一般，但只要有自己的特色，有自己的美好，这就足够了。我很丑，但我很温柔，我乐于助人，我工作努力，我始终用尽全力去生活，并且活得精彩。或许有人不喜欢我的容貌，不喜欢我的性格，但那与我有什么关系？那是他们的选择，也可能是他们的损失。我并不在乎这些，我在乎的是这一生是否从容走过，能否给这个世界留下点儿什么。

人的一辈子过得是否充实快乐在于你有没有为它付出所有的努力，工作上有没有坚持奋斗，生活上有没有认真对待。见识了外面世界的广阔，明白了自己这副皮囊的渺小，你自然就会发现原本追求的外在美是多么狭隘。你当然可以有一颗爱美的心，你追求华丽的服饰，追求精致的妆容和时尚的发型，这些都无可厚非，爱美之心人皆有之，但这些永远都不应该是你生活的重心。如果努力的方向错了，你自然也就离美好越来越远。

这世间有很多事情很公平，比如苦尽甘来，你吃过的苦、受过的累，最终都可以换来更美好的生活。你的将来不是靠整容就能稳操胜券的，拥有一个健康的身体和一颗美好的心灵比什么都珍贵。

当你想整容的时候，请先认真考虑一下有没有这个必要吧！

你的形象里藏着你的品质

01

打扮自己真的很有乐趣，至少别人可以从我们爱打扮自己这个习惯看出，我们是爱自己的人。

自己的身材属于什么类型，适合哪种风格的服饰，知性、优雅，还是休闲、甜美，如何利用服饰扬长避短；研究自己的性格，自己身上带有哪种气质，给别人什么感觉；自己属于哪种肤色，穿什么颜色的衣服最显皮肤白皙……

我就是这样热衷于研究自己，才渐渐找到了适合自己的风格。多年来我在穿衣搭配上一直坚持两个习惯。

第一个习惯，我的电脑里存着海量的明星街拍照片，她们的穿衣风格全是我喜欢且适合我的。对于她们打扮的小细节，我更是熟记于心。自己在逛街的时候，如果看到类似的款式，我都要试一试，成功率真的很高。因为每位明星的背后，都有专业的造型设计团队，参考她们就像免费享受了专业设计团队的服务，何乐而不为呢？

第二个习惯，我会给自己的每套衣服起名字，这让我感觉每一套衣服都有了自己的能量。

有一次我在公司食堂吃饭的时候，身穿一件橙色的羊绒大衣，配黑裤、黑靴，一位同事说我的衣着让人眼前一亮。于是我就给这套衣服取名为“眼前一亮”，每一次穿它，我都想象它会有让人眼前一亮的效果，结果真的有许多人对这套衣服赞赏有加。我坚信这是“眼前一亮”这个词流溢出的让人感到自信、美丽的能量。我把黑色A型大衣配灰黑色围巾，深绿色打底裤配同色系短靴，然后给这套衣服取名为“文艺的姑娘”。每一次穿这套衣服，我都感觉自己文艺气息十足，愣是把自己美得不行。

一件蓝灰格子衬衫配一条牛仔裤，我给它取名为“大学生”，因为我穿上它显得很年轻，感觉自己很有活力。说来也怪，好多人看到我穿这套衣服也都说我像个大学生。

我有一条灰色连体裤，叫作“最安全的宝贝”，因为它是我最满意的衣服，无论我化妆与否，发型如何，穿上它我都觉得自己很美。它已经陪伴我六年了，我却一年比一年爱它。

还有“岁月静好”“办公室女神”“青春圆舞曲”“有一种优雅叫休闲”……

我的每套衣服都有特色，给它们起名字更是给自己一个心理暗示，这样我想要穿出自己的风格和感觉就不那么难了。

02

即使我是个沉默的人，服装也会把我的品位、性格、气质展现给别人，它真的与我息息相关。

虽然我穿的不是高档服装，但我依然可以花心思，利用自己手里仅有的服饰，穿出用钱也买不到的品位和气质。钱可以买到衣服，却买不到风格。为了穿出风格，首先要了解自己的气质。而这种发现离不开平时对自己的关心。只有了解自己的特质，才能穿出适合自己独有的风格。

而有些人，服装、造型都很好，却总是驼着背走路，看到这样的人，我总是替他感到可惜。

如果喜欢简洁的衣饰，我们可以在一些单品上增加时尚感，比如鞋子、包、眼镜等。如此，也能达到让人眼前一亮的效果。

所钟爱的一道美食、一部电影、一幅名画……都会展现自己独有的风格和精神气质。而选择它们，归根结底是出自我们对自己的爱与欣赏。

一个人对自己形象的关注程度，反映了他是否热爱生活、热爱自己。从头到脚，所有细节综合起来，基本上就可以判断出他是一个怎样的人。

我们可以利用休息的时间，加深对自己内心的了解，去寻找灵感。我有几个方法，可供参考：

1.经常到美术馆或博物馆逛逛，或者常看看艺术类书籍；

2.就算不买名牌，也要到名牌橱窗前看一会儿，因为名牌总有过人之处；

3.读时装杂志，不要随手一翻就罢了，准备一本关于“我的风格”的档案，剪下你最喜欢的图片贴在上面，做些摘录，或干脆看明星街拍，总会给你很多的灵感；

我发现看来看去，在所有服饰搭配里，我还是最喜欢用简洁的款式来搭配出众的细节。

03

李渔曰：“妇人之衣，不贵精而贵洁，不贵丽而贵雅，不贵与家相称，而贵与貌相宜。”

我很喜欢这句话，虽然间隔了三四百年，但这句话道出了女人穿衣打扮亘古不变的精髓——舒适、干净、简约、时尚、优雅、脱俗。

在现实生活中，让人们第一眼看到美丽的衣服，还是美丽的你，这是问题的关键。美丽的衣服不见得适合你，美丽的你是人与衣服合一，是独一无二的你。

简洁而不简单的衣饰一直是我非常推崇的。比起一味地修饰，懂得适当收手是必要的。看似简单的造型中，用一件小饰品来画龙点睛，会显得更精致。简洁不仅仅是时尚的，还是优雅的，更是经典的。从我们拥有的经典款来看，风衣、小黑裙、白衬衫、黑色高领衫……哪款不是简洁到了极致？从索菲亚·罗兰到奥黛丽·赫本，我们会看到美丽的女人并不是以百变女郎的形象成为经典的。她们的一生，永远都只坚持自己独特的审美。杰奎琳永远不会厌弃她的牛仔裤和风衣，而赫本永远钟爱她的小黑裙，她们穿上质地一流的白衬衫，全世界都为其鼓掌。她们有足够的财富去尝试各种品牌，但她们永远都以简洁、经典的形象示人。这些看似简单的衣饰，一经她们的诠释便多了几分高贵的气质。她们明白简洁就是时尚，坚持简洁就是创造经典。她们就这样成为时尚史上一道不朽的风景。

爱研究穿衣打扮的人，无一不是将对美丽的执着、对生活的热爱、对自己的成长看得很重的人。他们喜欢把这些对自己和对生活的态度体现在衣着上。

一个着装精致的人，一定是一个自律、节制的人。不要总是带着陈旧的观念来评判那些穿得好看的人，他们才是真的爱自己。爱生活的人，在做其他事情时也会尊重自己，将生活过得有滋有味，他们才是真正的人生赢家。生活中，谁不爱这样的人呢？

你远比你看到的自己更美丽

01

有个艺术家，他找到了四位普通女性，请她们描述各自的外貌特征。她们中有年轻的姑娘，也有已为人母的中年人，她们坐在沙发上回忆自己，有的说自己下巴太过消瘦，有的想要更丰满的嘴唇，有的遗憾没能继承母亲的优点。她们看不到也不知道，在她们的背后，艺术家正在按照她们的描述，勾画她们的面容。几天后，艺术家又进行了一次创作。这次，他找到她们的朋友。同样是对四位女性的面貌描述，同样是背对画师而坐，但艺术家却惊讶地发现，在她们朋友的描述里，许多她们自己认为并不美丽的地方，却恰恰成了朋友口中“温暖”的象征。

当八幅画作完成后，艺术家重邀四位女性。在对比中，她们惊讶地看到自己眼中的自己与朋友眼中的自己截然不同。四个人各自站在自己的两幅画像前，默然无语。她们的眼神长久地聚焦在那两幅画上，比起自己描述的自己，朋友眼中的自己往往更友善，更阳光，也更美丽——画中的自己没有略微皱起的眉头，也没有让人疏离的颧骨。

这个艺术家的小小实验被拍摄成一组纪录片，传播至世界各地。它试图告诉每一个站在镜子前的姑娘，你远远比你看到的自己更美丽。

而我也是被这组纪录片击中心窝的人之一，当我看到参与实验的姑娘看到自己画像时惊喜又激动的表情；当我看到她们眼底泛出的泪光，我真想给那些多年来陪伴在我身边鼓励我、温暖我的朋友一个大大的拥抱，也很想拥抱一下那些仍然觉得自己不美丽的朋友，轻声地告诉她们：其实你比你自己认为的要漂亮很多。

02

大概比起男生，女生对自己的外貌更加敏感，时常会因为小瑕疵而终日烦恼，甚至自卑。走到橱窗前看到那些身材高挑、面容姣好的服装海报模特也会心底生羡，感叹一声“若我能像她一样该多好”。

更大的烦恼来自周围，偏偏每个长相平庸的女孩身边都至少会有那么一个“别人家的孩子”，长得比你漂亮，身材比你好，甚至连情商都比你高许多。长辈见到了这样的孩子，也会称赞：“哎哟，这不是谁家的那谁嘛，都出落得这么漂亮啦！”见到你，只好说声“这孩子也蛮可爱的”。

有时候我们想不通，我也是世界上独一无二的一枝花，怎么偏偏就要做别人的绿叶，难道就是因为不够貌美？资质上的差别暂且不提，当你纠结这种问题时，你在心态上已经输了。归根结底，不过是比赛的人选错了赛道，一定要拿自己的短处与别人的长处相比，简直就是给自己找不痛快。更何况，美的定义有许多种，何必一定要用别人的标准来束缚自己？

03

有这样一类姑娘，如果你和她们不熟悉，单看她们的外表，你会觉得她们很漂亮、很迷人。然而，和她们相处久了，就会发现她们脾气不好，爱说脏话，举手投足间有一股媚俗感。由此，你便不再觉得她们美，甚至有点儿厌烦。

真正的美，藏在人的眉眼间，藏在人的唇齿间。因为眉眼可以传递温暖，而唇齿可以生出微笑。

以前我认为“心灵美”是个没有说服力的安慰词，可是现在，有人用图画证明给你看，纵使我们已经没有机会改变上天给我们的这张不太美丽的脸庞，但至少我们可以改变别人眼中的那个自己，变成一个友爱、善良，也美丽的自己。

不做藤蔓，只做一棵行走的树

01

满身名牌服饰的温迪缓缓走向我们的时候，我们都想逃走。

那些闪耀的名牌服饰，让活在烟火人间的我们黯然失色。

温迪能穿名牌服饰，是因为她有一个爱她的“钻石男友”。

她的男友是个事业狂，没时间陪她的时候，就会给她很多钱。

一开始，她欣然接受，既然“钻石男”没时间陪她，拿钱补偿也是极好的。

后来，这种寂寞无聊的日子越来越多，“钻石男”经常十天半月甚至一个月都见不着人。每当温迪表示抗议时，“钻石男”就会淡淡地说：“乖，别闹。”听他这么一说，温迪也觉得自己有可能在胡闹，于是，就闭口不提了。但她心里堵，只能不断地用购物来平衡。

每当温迪说：“这是爱吗？你们羡慕这样的我吗？你们以为我是闪耀的女王，其实我只是发光的奴隶。”挣扎在生存边缘的人就会打哈哈道：“哎呀，别矫情了，知足吧！”

是啊，温迪不过是个普通女孩，学历普通、工作普通、长相普通，性格也大大咧咧的。一次，她去咖啡馆时，不小心撞到了玻璃门上，她不好意思地笑了笑，有点儿尴尬，也有点儿调皮，正是这样的笑容，吸引了在咖啡馆等人的“钻石男”。

“钻石男”与她一起时很放松，所以让她做他的女朋友。他确定她会答应。

一起吃完晚餐后，他说：“跟你在一起我很轻松，很开心。只是我正值事业上升期，没有太多时间陪你，但我保证不会与其他女孩暧昧。你必须知道，对于我来说，事业在第一位，如果感情和事业发生了冲突，感情必须让位于事业，你懂吗？”

温迪听到这段话时，其实心里是有些不舒服的，但像“钻石男”这样优秀的人竟然能喜欢上自己，她已经感恩戴德了，所以，已经无法理性思考的她，就这样栽了进去。

她说和“钻石男”本来约了周末一起参加拍卖会，谁知道

“钻石男”突然出差去了。到了另一个城市后，他打电话轻描淡写地说：“哦，我忘了。”她说，挂断电话时，她的身体是颤抖的。

就算不能走向婚姻，总还可以温柔对待，但是，她只能那么卑微地和他在一起。

每当她想分手时，总会想起二人一起时，他会帮她拉椅子、递送纸巾并夹菜给她，周到体贴，柔情款款。一到这时，她都会怀疑自己是否太矫情，分手的念头也就一次次被压了下去。

没有人懂得她那无处释放的焦灼和压抑。

02

如果没有那个生日事件，或许，温迪会一直那样隐忍下去。

“钻石男”生日那天，她亲手做好巧克力蛋糕后去机场等他，想给他一个惊喜。“钻石男”却面无表情地说：“我需要的不是惊喜，而是可控，你这样贸然地出现，是不在我的计划里的。”

她呆住了，委屈地说：“可是我只想给你过个生日啊！”

“钻石男”说：“我从不过生日，今天我累了，改天再去找你，好吗？”说罢，“钻石男”竟扬长而去。

狠心至此，独断专行至此，她和他还有继续走下去的意义吗？

一路上，她无声地哭着。此时，她才惊觉，所有的主动权都掌握在“钻石男”手里，所有的约会都是“钻石男”决定的。

她只是他生活的调味剂。

她不过是株藤蔓植物，攀附在了“钻石男”这堵墙上。他乐意了，她就可以继续向上爬；哪天不乐意了，墙就倒了，她也就什么都没有了。朋友们艳羡的一切，靠的是“钻石男”的给予。

第二天，她跟“钻石男”提出了分手。

“钻石男”愣了两秒，才说：“温迪，别闹，你最近想买什么，告诉我。”她笑了笑，挂断了电话。“钻石男”送的所有服饰和礼物，她都打包寄了回去。没有奢侈品傍身的她，虽然没有了百分百的回头率，却有了轻松的笑容。

三年后，她再次穿上名牌服饰，她的名片上印着“某集团公司副总监”……原来，一个人也能将生活打理得井井有条，一个人也能过得很好。

如果一个人想要的一切，都只能用依附来交换，那么，就要乖，很乖，如宠物般。想做藤蔓，就不要奢望拥有自主权。

只有变成一棵行走的树，不需要土壤也能努力生长，才有可能成为闪耀的女王。不要依赖任何人，有人依赖是幸运，没人依赖也没什么大不了的。两个人保持关系的基础是依赖，但依赖同时也是深埋的祸根，容易产生无数难解的问题和纠纷。你不再依赖世界，世界就难以撼动你的心。

女人可以不美，但不能丢了姿态

01

一天晚饭后，我给自己泡了一杯茶，趴在桌子上看茶叶在水中浮游，时而簇拥，时而翻卷，不停地折腾自己，好像急于找到那个适合的平衡点。

我丰富的想象力促使我去“脑补”采茶的过程，这些茶产自哪些山，山上可有云雾缭绕的亭台，是何人所采，是蓝衣素裹，还是飘逸白衫……

这时电话响了，打断了我宛入仙境的遐想。

“喂，你好！”我语气中夹杂着被打扰的不耐烦。

“喂，是红红吗？”熟悉又甜美的声音。

“你是……”

“我是慧佳。”

“你……你是慧佳姐？”我瞬间蒙了。

慧佳姐是我的贵人，在我处于最低谷的时候给了我很多帮助，我对此感激不尽。

可自从慧佳姐嫁到外市，她就换了号码，我们从此便失联了。“我明天要去你的城市出差，咱们见一面吧！费了九牛二虎之力才联系上你，多少年没见面了，我特别想你。”慧佳姐明显带着兴奋的语气说道。“好的，你把时间告诉我，我明天去机场接你。”我生平第一次体会到高兴得红了眼眶是什么感觉。

在机场我们久别重逢，许久没有联系的我们一见面仍然很亲密，就像昨天才分开。真正的朋友永远是这种感觉。但是说实话，当她拖着行李箱向我走来的时候，我差点儿没认出她，以前的慧佳姐鼻梁挺秀，杏眼黑白分明，是个小美人。可现在的慧佳姐比过去的她漂亮一百倍。当时我真的有一种被“电晕”的感觉。

她淡雅适宜的妆容，端庄得体的仪态，知性温婉的气质，完全锁住了我的目光。

02

在餐厅里，我迫不及待地问：“快说说看，是什么故事、什么经历滋润得你如此美丽呢？”我一连串的发问，惹得慧佳姐哈哈大笑。“红红，我三年前离婚了，现在是单亲妈妈，有一个特别可爱的女儿。没有什么特别的故事和经历，如果说我的状态更好了，那是我懂得了爱自己！”我一脸惊愕，慧佳姐的脸上却是雨过天晴般的淡定与从容。

慧佳姐说，婚姻失败的初期，她是全世界最不懂得爱自己的人。站在市中心最繁华的街道，眯起眼睛，看着来来往往的行人，心想这明明是阳光下的小城啊，为什么她却寒气入骨。

她每天都“作”得不得了，动不动就拿起剪刀“咔嚓”几下把头发剪了，用头撞墙，甚至经常酗酒，喝到不省人事……丝毫不顾及内心崩溃的家人。

直到有一天，她最爱的奶奶去世了，她才一夜之间彻悟：“人得接受命运的无常和变幻，遇到事就自我放弃和停止成长，那不是最让人瞧不起的吗？”

刚开始一个人面对生活的时候，她很羡慕身边的朋友有老公照顾。有一次同事的老公给同事买了一块五万元的手表，她突然灵光闪现——没有人给自己买表，自己就在图书馆看五万元的书吧，一定比戴五万元的手表更有意义！

之后她便一头扎进书海，不能自拔，从书中获得了很多力量，不再害怕一个人，遇到问题学会从容面对。书是她的寄托，也扭转了她的命运，陪她走过最难的时光。

刚开始的日子虽然清苦，但彻悟后的她心情很好，每天把自己收拾得很漂亮，在外努力工作，回家细心照顾家人，重新找回了自信和自我。

她的日子一天比一天好，有了房，也有了车，还有了闲钱带家人去旅行……慧佳姐说到这儿轻松一笑，浑身散发着历经世事后的气场。

送慧佳姐去公司分部报到，看着她挺拔纤细的背影，我突然明白了为什么现在的她身上有种别样的美，是嗜书的习惯让厄运转化为成长，她温柔、文静的外表下藏着一颗善良、坚定的心，她找到了“破茧成蝶”的方式，最重要的是她懂得了如何爱自己。

03

有一次读者在后台问我：“什么样的生活最有价值？”我想到了慧佳姐的经历。

爱自己是一种清醒的生活方式。它不仅仅表现在让自己吃饱穿暖，还让人学会接受一切，好的收下，坏的原谅，该放下的放下，找到成长的礼物，给自己一片自由的天空。

与不完美的人、事共存，把时间用在提升自我、看向更美的风景上。

爱自己就是放手让自己成长。朋友小白二十七岁那年成了全职太太，一岁女孩的妈妈，生活尽是柴米油盐。

有一天，老公表现出了对家庭状况的极度不满和抱怨，让她彻底推翻了之前的计划——温柔贤惠、相夫教子，平静地过完一生。

她突然发现自己极不爱那个围着女儿和老公转的、没出息的自己。

于是她调整了自己的状态，开始利用以前刷剧的时间，专注地学习一直热爱的摄影，接单，比赛，做自己的网站，写公众号。一个很好的机会，让她再次进入了职场，从最基层的岗位一路拼到了人力资源部的部长。虽然她取得了如此优异的成绩，但并没有因此而停止成长，而是不断突破自己的思维局限，线上、线下不断地学习。

现在的小白有着自己的摄影课程，她是职场精英，也是网站热门作者，还写剧本……她妆容精致，热爱生活，假期喜欢晒晒自己和女儿的日常。

小白说："这是我二十九岁才明白的道理，于是我惊喜且意外地发现，原来爱自己可以活得如此不一样。"

敢于实践，敢于尝试，敢于突破，敢于改变自己。将生活赐予我们的所有尴尬都用最从容的态度去化解，唯有真正做到爱自己，才会突破局限。

爱自己就是忠于自己的内心，并坚持下去。为什么我们常常心情低落，充满戾气？为什么我们总是有负面的情绪？那是因为我们从来没有正视过自己，不知道自己真正需要的是什么。

我们之所以发脾气、失落、抑郁、沮丧，皆是由于我们没有足够爱自己，无法满足自我。

好好和自己聊聊，自己到底需要什么？需要却没有什么？想要却得不到什么？得不到要努力去做些什么？

只有爱自己才会忠于自己的想法，正视自己的需要，知道自己想成为怎样的人，想做什么事，你的梦想就会很清晰，你也会更好地坚持努力下去。

每个人都要明白，自己是撑起自己世界的唯一，只有自己精彩起来，才能真正变得强大，活出自我，别人才会欣赏你。只有你对自己价值的认识越来越明确，人生的动力才会越来越足，你才能由内而外地得到愉悦的舒展。

那些担心被抛弃的念头永远也不会落到你心头，你会收获很多羡慕的目光，这会让你更加自信。

你抱着手机的样子，真的很孤独

01

前段时间和蓝姑娘聊天，她跟我说了她闺密的故事。

蓝姑娘的闺密是她大学时的室友。毕业后，两人去了不同的城市工作，好不容易有时间可以一起聚聚，蓝姑娘约了闺密出来逛街。

可让蓝姑娘感到纳闷的是，闺密那天全程都在“招待”手机里的信息，玩自拍，修图，发朋友圈，连吃饭时都一直盯着手机看。

蓝姑娘想和她聊聊最近发生的事情，可闺密却对她说的话充耳不闻，把她当空气一样晾在一边，她能明显感觉到自己没有受到对方的尊重。

自此以后，蓝姑娘再也没有主动联系过这个闺密。

02

之前看过这样一则新闻：张先生与弟弟妹妹相约去爷爷家吃晚饭。饭桌上，老人多次想和孙子孙女说说话，但面前的孩子们个个都抱着手机玩，不理会老人。老人受到冷落后，一怒之下摔了盘子，扭头回房。

这则新闻，让我想起了多年前的自己。以前每次去外婆家，我总是习惯性地躲在角落，拿出手机自顾自地玩游戏。外婆偶尔也会走到我身边，问我一些最近工作和生活上的情况，而我的眼睛始终没有从屏幕上挪开过，回答也极为敷衍。

有一次经过厨房，听到外婆和家人说："现在的年轻人啊，个个都只顾着低头玩手机，跟他们说上几句话都困难。"

当时的我并没有特别在意。几年过去了，外婆早已离开人世。每当回想起外婆说过的这句话，我都会感到特别懊悔，后悔自己当初没有多花些时间陪长辈们说说话。

如今想来，因为过度沉迷手机，错过了那些与身边重要的人交流的机会，确实挺不应该的。

03

不知从何时开始，我们见面吃饭时的谈话越来越少。我们不会错过微信里的每一条消息、朋友圈的每一条动态、微博上的每一条热点新闻，却不愿意和坐在自己身边的人说说话。

这已经成了我们生活中的常态，也是人和人在一起时一种很普遍的现象。

看过一期演讲节目，演讲者雪莉·特克尔说过这样一句话：“我们正在放任科技将我们带向歧途。我们口袋里那些轻巧的电子设备，有如此强大的力量，它们不仅改变了我们的生活方式，也改变了我们自身。”

一部小小的手机就足以将我们的生活搅得翻天覆地。可悲的是，我们却未曾察觉，仍旧麻木地活在这种状态中，心甘情愿地过着被手机绑架的日子。

记得大学毕业后的一段时间，我对手机异常沉迷，每天抱着手机刷朋友圈、看视频、打游戏，甚至用餐时，都不忘低头玩手机。

有一次，一个前辈狠狠地训斥了我一番：“你抱着手机死不撒手的样子，看起来真没礼貌！”

如今的我渐渐学会了收敛，明白了在某些场合应该控制住自己，不把手机掏出来玩，也是对他人的一种尊重。

04

摄影师埃里克·皮克斯吉尔拍摄了一组名为“Removed”

（“远离”）的作品，在网络上引起了广泛关注。

相片中，所有的手机都被摄影师偷偷拿掉了。人们孤独地盯着自己的手掌，沉浸在一个人的世界里，仿佛被抽去了灵魂。

埃里克说，这组照片的灵感，来源于咖啡厅邻座的一家人——爸爸和女儿一直低着头专注地玩手机，没有和身边的家人有过片刻的交流。

此后，这个画面深深地烙印在了埃里克的脑海里，他在日记中写道：“他们不怎么说话，爸爸和两个小女儿都掏出了自己的手机。妈妈也许是没带手机，也许是选择不把它拿出来。她一个人望着窗外，身边都是自己最亲爱的家人，看起来却那么悲伤和孤独。”

于是埃里克便决定拍摄一组相片，呼吁人们放下手中的电子产品，给身边的人更多的陪伴和关爱。

当家人不再交谈，爱人不再相望，你会发现，人与人之间的疏离其实就在一瞬间。

有时候，我也会怀念以前没有手机的日子。

那个时候，时间过得很慢。和恋人沿着环湖小道散步，能静静地走一个下午。想念一个朋友时，会一路小跑去几百米外的电话亭给他打电话；也可以将心事写在纸上，塞入信封，寄给对方。甘愿把自己的一切时间和精力，分给身边那些重要的人和事，你的内心就会感到温暖。

如果有一天，你不再需要靠频繁地更新朋友圈来获取存在感，也不再需要通过沉迷于手机里的虚拟世界来逃避现实生活的空虚与凉薄，那时，你的耳畔一定会充斥欢声笑语吧！

你的孤独终会得到治愈。你最想与之交谈的人，就在你身旁。

第二章 你的特别，只有喜欢你的人懂

在时光的长河中，定有一人，仿若命中注定的星辰交汇，能读懂你每一个细微的表情背后的情绪波澜，理解你那些看似不合常规的举动之下隐藏的梦想与渴望。

你要相信，你配得上所有的好

01

曼姐的原助理因故离职了，她急缺人手，于是重新招聘人员。来应聘的女孩有好几个，经过重重筛选、淘汰，最后剩下两名。

两位女孩，一位姓韩，一位姓李，学历相当。小韩性格活泼，小李文静。曼姐对她们说：“给你们两个月的实习机会，谁的表现更好，我就留谁。”一场竞聘之旅，就此在两个女孩之间展开。

开始，两个女孩都表现得很积极，工作任务也完成得很好。特别是小韩，不仅长得漂亮，性格也好，嘴巴又甜，很会讨人欢心。小李却和她相反，上班时间除了必要的沟通，她总是默默做事。前辈们发现她很好使唤，就经常让她多做一些活儿，比如泡咖啡、打印资料、倒垃圾，等等。小李总是欣然接受。小韩暗地里嘲笑小李傻，她认为只要做好曼姐吩咐的工作，一切就顺利了。

两个月很快过去了，在宣布结果前，大家多数都认为曼姐一定会留下小韩。因为小韩人够聪明，懂人情世故，嘴巴比蜜甜，和这样的人一起工作，会很开心。但出乎大家意料的是，曼姐最后留下了寡言少语的小李。

原来，曼姐一直在默默观察两个女孩的表现。她发现，小韩无论从外形还是性格上都很让人喜欢，但她做事挑肥拣瘦，不够细致，到后期甚至可以说有些懒散了。比如她上班总是踩点到，偶尔迟到还为自己找借口。最让曼姐皱眉的是，小韩虽然是个漂亮的女孩，但是她很不注重细节。漂亮的鞋面上经常沾着灰，手指上的指甲油剥落了，也没有及时修补。

小李呢，她看起来好像是个内向的、沉默寡言的女孩。实际上，曼姐和这个女孩谈话的时候，发现她很有思想，言谈举止非常得体。她给自己的定位很清晰，在公司里，知道自己什么该说，什么不该说。从上班第一天开始，她总是提前一段时间到达办公室，把一天的工作安排好。

让曼姐满意的，不仅是她的工作态度，还有她形象上的整洁、清新。小李虽然没有小韩长得漂亮，但她很会打理自己：

一头秀发顺滑飘逸；衣服虽然不是名牌，但款式风格与她很搭；修长的手指虽然不涂指甲油，但指甲保护得很好，干净就不必说了；小皮鞋每天都擦得锃亮。她从头到脚都给人一种整洁利索的感觉。她不是那种五官多完美的女孩，但是整体看去让人感到非常舒服。

02

每个女孩都希望自己天生丽质，但拥有怎样的一张脸，是由父母基因决定的，由不得我们。

我们不能因为长得普通就自暴自弃，而应该把追求美当作毕生的事业。你要相信，你配得上所有的美。要想让自己美起来，女人应该怎么做呢？

首先，要懂得化妆。化妆具有化腐朽为神奇的作用，上班的女孩如果每天化一个淡妆，不仅是对别人的尊重，也是爱自己的最直接的表现。不过，化妆只能做表面功夫。谁都希望自己能拥有好气色，但光靠化妆并不能解决问题，还要拥有健康的生活习惯，才能养出健康的、持久的好气色。注意选择少油清淡的食物，大鱼大肉能免则免。还要坚持锻炼身体，如果三天打鱼，两天晒网，也就别怪你的身体对不住你了。

再者，人靠衣装马靠鞍，选择衣服时，要注重衣服的质感及款式。款式尽量选择得体一点儿的，得体意味着一种内涵、一种风格，甚至是一种文化。一条薄薄的围巾，一顶普通的帽子，懂得搭配的人也能将其处理得非常时尚，十分具有美感。

除了上述种种，最重要的是，要记得给自己补充精神食粮，养成看书的好习惯。看书可以增长见识，更能提高素养。好的气质是培养出来的，多读书无疑是最重要的利器。

总之，你要相信，你配得上所有的美。为了让自己变得更美、更好，努力加油吧！

我不需要所有人都喜欢我

01

最近我迷上了一款手工抹茶曲奇（西式甜点），简直是要上瘾的节奏。在微店下单之后没多久，店家就马不停蹄地送了过来。下楼取件时，和店家多聊了几句。

我说："店家，你家的曲奇太好吃了，真是百吃不腻。"

店家答道："听了你这一番话，让我稍微安心一点儿。刚收到一个老客户发来的消息，他对我家最近制作的手工曲奇感到无比失望，觉得已经失去了原有的那种味道，并表示以后再也不会下单购买了。"

前段时间，店家跟一个五星级酒店的师傅学习制作糕点，改进了原来的制作手法。经过改良后的曲奇饼干，吃起来层次分明，比起之前更加松脆可口，订单因此也增加了不少。那位老客户大概是适应了原来的口味，所以才对最近新出炉的曲奇饼干无感。

店家随后叹了口气：“我也不可能为了满足他一个人的需求，继续保持原有的烘焙方式，遏止自己的进步啊！”

有时候，我们在面对他人的指责和厌恶时，更应该坚持自己的判断。若是过分在意外界的感受，很容易在别人的话里迷失方向。

02

我之前工作的单位有个特别精明能干的姑娘，叫宝儿。

宝儿说话心直口快，做事雷厉风行，因此得罪过不少同事，在单位里处处遭人非议和排挤。同事们私底下说，又不是自己开的公司，何必事事较真。

有一次和宝儿聊天，她说，既然接受了上司交给自己的任务，就应该专注地执行，哪怕在这个过程中无法照顾到部分同事的情绪。她深知在职场上，心软的人很难把事情办好。正是旁人的排挤和冷落，使她更加坚定了自己要在工作上做出一番成绩的信念。她暗自发誓，一定要让所有人对她刮目相看。

几年之后，我在一个社交场合里再次见到了宝儿，她已晋升为单位里的中层干部。此时的宝儿，活脱脱是一个干练、自信的职场“女金刚”。她举着酒杯，不无感慨地说：“当年那些否定我的人，如今都成了我的手下。”这些年来，她通过自己的不懈努力，总算赢得了别人真正的尊重。

你走过的每一步，很难让所有人都满意。借用《甄嬛传》里的一句话：“既然无法周全所有人，那就只能周全自己了。”无须刻意地讨好任何人，也不必在别人的声音里患得患失。懂你的人自然懂你，不懂你的人解释再多也没有意义。

03

我刚开始运营公众号的时候，粉丝寥寥无几。我每天都会点开公众平台的用户分析去看新关注和取消关注的数据。凡是看到有人取消关注了自己，总会玻璃心作祟，感到十分失落，工作也提不起精神。

有一次，在后台收到某个粉丝的留言：“文翼，你怎么写起这些温情的文字来了，原来的那种犀利明快哪儿去啦？你再也不是当初的那个你了，我对你很失望，就这样吧，拜拜！”

面对质疑，刚开始我也是耿耿于怀，甚至怀疑自己是不是做得不够好，后来时间长了，也就慢慢释怀了。我深知，自己再怎么努力写文，也难以迎合所有人的喜好。这世间人来人往，本是常态。喜欢你的人，自然会一路跟随，而那些对你不再怀有热情的人，再怎么尽力挽留，也无济于事。

与其因为那些离开的人陷入伤感与忧愁，倒不如更加用心地写好文章，不辜负那些默默支持自己的人，把有限的时间献给在乎自己的人。真正喜欢你的人，绝对不会因为你的改变而弃你而去。

04

你很有主见，喜欢你的人会觉得你很独立，讨厌你的人会批评你不合群。

你敢爱敢恨，喜欢你的人会欣赏你有个性，讨厌你的人会觉得你难以相处。

你钻研各种技能，致力于提升自己，喜欢你的人会夸你有上进心，讨厌你的人会吐槽你瞎费劲。

你追求更高的生活品质，喜欢你的人会认同你的价值观，讨厌你的人会说你毫无节制，不会过日子。

身处社会中的我们不论做什么事情，必然会遭到别人的议论，不可能得到所有人的认可，稍有不慎，就会被那些不友好的声音淹没，终日郁郁寡欢。

你是无法讨好所有人的，但这从来不是阻止你做好自己的理由。你要过好自己的人生，不要因别人的三言两语而耽误自己的成长，不要让自己留遗憾。

既然取悦不了所有人，何不做那个最真实的自己，敢于直面那些质疑你、打击你的人，坦然接受那些不被理解的事实，然后用自己喜欢的方式，过好余生的每一天。

最后，你要感谢那些一如既往支持你的人，是他们让你可以自信满满、淡定从容地闯荡人生；更要感谢那些在成长路上否定过你的人，是他们让你越发坚定了最初的选择，从而成就了更好的自己。

努力活出属于自己的模样，就是对这个世界最好的回应。

在输得起的年纪任性一回

01

R小姐内心一纠结，外在就表现得矫情。

这是个让人羡慕的女孩，有着一般人无法拥有的幸运。总是能找到活少、钱多、离家近的工作；总是能遇到才华、相貌、家世都不错的男子；总是能在任何时刻都能得到家人及朋友的关怀和照顾……一切的一切，都羡煞了旁人。

大学期间，她跟舍友们探讨过毕业后的打算，有的说要相夫教子；有的说工作舒服就行，钱多钱少无所谓；有的说要以忙碌的工作充实人生。R小姐则说：“我想要一种很忙很忙，但不是一直忙的工作，而是忙一阵儿，休一阵假，以犒赏忙碌的生活，你会很珍惜。这样的人生才有意义。”

几年过去后，宿舍里要以忙碌的工作充实人生的，毕业一年就结婚生子了；要相夫教子的，苦苦挣扎在无休止的工作里。R小姐则找到了一份行政的工作，还获得了一份爱情。当我们还在为早上是吃煎饼果子配豆浆，还是省下这5元钱晚上买菜而纠结时，当我们为早起挤公交车，还是租离公司近些的城中村的房子而纠结时，R小姐却已经可以今天在健身房出身汗，明天心情不好就去鼓浪屿了。那时的她，高调得招人恨！

岁月磨平了奢望，越来越多的人倾向于追求稳定。但R小姐却把最稳定的单位里最稳定的工作辞了，恋爱也告了急。折腾了那么多年，一下子又回到了原点——没有工作和爱情。

R小姐说，她经常郁闷得失眠。

“你到底想要什么？”我们很无奈地问。

“我也不知道，我就是不快乐。我只是想有一个人陪我细水长流……”R小姐哭得梨花带雨。

没过多久，她到了一家外资企业，工作过于轻松，以至于R小姐整天抱怨自己没事可做，只能去食品间吃东西。那一阵，她确实胖了不少，而她认识的异性也从小男生变成了三十多岁的男士。

她经常去参加各种高大上的晚会，身边的男伴也从高富帅变成了文艺范的钻石大叔。一两年过去后，再次见到R小姐时，她穿着灰黑相间的休闲衣服，头发随意扎着，连妆也没有化，不再是以前闪闪发光的风格了。看着我们，她淡淡地笑着说："我再次归零了。"说这话的时候，她没有伤心，没有迷茫，只是很简单的陈述，R小姐变了。

这还是那个遇到一点儿事情就说"我不知道"，并且哭得泪眼汪汪的女孩吗？

越是向生活走去，越是发觉很多事情我们都身不由己。渐渐地，我们都向这个世界低下了头。未来怎样，我们不清楚，只能兢兢业业地工作，拿微薄的工资去还贷款、买尿不湿。原本天真的青春少女，已经在菜市场的讨价还价声中变成了蓬头垢面出门的妇人。就连得知某对已分手的明星重新在一起后，我们也只是"哦"一声，然后继续自己的柴米油盐的生活。

这真的不关我们的事。

分享八卦能赚来买菜的钱吗？

所以，我们也没有怎么关心年近三十还折腾的R小姐。

02

我再次见到R小姐时，眉清目秀、无人间烟火气的她已经回归平和，一副宠辱不惊的样子，身边也有了一个很朴实的男人——她的老公。坐在一辆已经很旧的小汽车里，她笑得无拘无束。

她老公说，无论做什么事，她的脸上都带着淡淡的喜悦，他愿意守着这份淡淡的喜悦，直到终老。

R小姐终于找到了那个愿意陪她细水长流的人。

成长中的人们知道自己不想要什么，成熟的人们知道自己想要什么，而有智慧的人们知道自己该放弃什么。

R小姐对我说：

从小到大，我都是一个什么都想要的女孩。

我任性、骄傲、自私，我天真、爱幻想却很懒惰，有时敏感而脆弱。

我说我想要忙碌的人生、理解自己的爱人，可是，很长一段时间里，我一样都没有得到。我拼命打扮自己，是因为太自卑了，一不化妆，我就觉得浑身上下都是缺陷，而那些让我骄傲的众多追逐者，自身也从来没有停止过招蜂引蝶。

我纠结，我矫情，不过是因为我想有底气和安全感。

安逸但毫无创意的工作，富有但四处留情的男友，一切的一切，都只加剧了我内在的不安。

后来，我进了一家外企，职位不高，却享受所有的福利：年会、带薪年假、商业医疗保险、年末分红、食品费、出差住四星级以上酒店、报销无上限、免费发放的笔记本、黑莓手机……这些丰厚的福利让我自豪，也让同学们羡慕。

在这里，我认识了许多高学历、高收入，又有点儿小品位的大叔。但是，几年过去了，我的技能没有增长，格调却提高了不少。而大叔们忙碌得只能固定地分配一点儿时间给我，我想要温暖，他们却觉得我黏人不懂事，我只能放弃。

所有的分手，最后只总结成一句话：性格不合。

好在，我年轻，有输的资本。

朋友们相继结婚生子、贷款买房，虽然辛苦，但也算风雨同舟。他们生活简朴，工作艰辛，却每天都能看到进步，每隔几个月就能感受到变化。在他们疲惫的身躯里，内心在飞速成长。他们是坚定、务实的，这不就是我想要的安全感吗?

于是在快三十岁的时候，我又裸辞了。

我想重新进入校园，于是花了近三个月的时间学习，也许努力不够，也许天分不够，考试成绩平平，进不了我想进的学校。我以为的一条平坦之道，已经被堵死，不得不认真地思考自己该何去何从。

自己的事情只能自己解决。

在那段最彷徨的时间里，我没有找任何人倾诉。

向内寻找，才能与期盼中的自己相遇。经过很长一段时间的反省，我终于明白，自己要走一条什么样的路。前面的道路，我已经走错，对不起过去的自己，但我仍可以重新起航。

生活就是这样，只要找对方向，脚踏实地地努力，成就就会不请自来。

终于，我得到了自己喜欢的工作，也得到了一个欣赏我、爱我、能给我温暖和时间的爱人。

我想要的安全感，都在我给得起自己想要的一切时，自然而然地来了。

03

原来，生活就是：你放弃它，它便放弃你；你越坚持，它对你展开的笑颜便越多。只要你肯发现自我，并下定决心，坚持走下去，总有一天，你会成为独一无二的自己。

愿每一个迷茫不安的你，抛却浮华，在岁月静好中慢慢修炼自己。

让我们学着主宰自己的生活，不自怜、不自卑、不怨叹，一日一日来，一步一步走。那份柳暗花明的喜乐和必然的抵达，不仅在于我们自己不懈的坚持，更在于懂得自己的内心，懂得如何取舍。

喜欢你和别人不一样

01

你有没有想过，你所看到的这个世界，或许和其他任何人看到的都不一样。

就拿色彩来说。你眼中灿烂的“红”或许是他人眼中幽静的碧蓝；而你眼中蓬勃的“绿”，在他人看来，也许是一片阴沉的深灰。

我们始终将同样的物体作为参照的标准：树叶、河流、阳光、玫瑰花……所以这个世界才在所谓的“相同”“一致”中安静存在着。

永远不会有人知道，别人眼中的世界是怎样万紫千红的旖旎风光。而不同生命所感受到的不同世界，其差异又何止于缤纷的色彩？

即使我们永远无法通过另一具身躯辨色视物，我们依然会在成长的过程中渐渐明白人与人之间的差别：贫穷与富有，善良与邪恶，蠢笨与聪颖，高尚与卑鄙……

这个世界上形形色色的人是如此复杂，如此有趣，又如此神奇。

更神奇的是——这般迥然各异的我们，却往往要在整个生命历程中努力摆脱离群的孤单与寂寞。

有人分明迟钝如顽石，却惧怕机敏如脱兔的人对他心生嫌恶；有人分明脆弱如蛛丝，却担心胸怀开阔的人说他卑微怯懦。

可若要我说，在这数之不尽、各不相同却又惧怕寂寞的人类之中，哪些人是最孤独到令人心生怜悯的，我的答案无须任何犹疑——那些最能够敏锐地感受到全人类与大自然脉搏的人，以及那些最能够英明地预测到未来曙光的人；那些可以在常人眼中的寻常事物上，目睹异乎寻常璀璨光芒的人；那些看得到别人看不到之处的人。是他们，将常人眼中流失的景致描绘出生动的鲜香，将常人心尖一闪而过的情调抒写成永恒的绝唱。

他们的胸腔里怀抱着澎湃的热望，却终究难以在生命的旅途上，找到一个同他一起赞叹的声音。

所以海子在飞驰的列车下结束了自己诗一般芬芳的生命，所以凡·高在瓦兹河畔用一枚子弹贯穿了他向日葵般向往阳光的身体。也许这世上并没有那么多的海子、凡·高，因为我们也并不需要很多很多的春天或者向日葵。

但我相信，在这个世界上的每个人，都会看到一些别人看不到的事。

所以每个人，都会感受到被孤独逼近的恐惧。

02

在我遥远而又深刻的童年记忆中，我曾经因为“非同一般地容易哭”而深深自卑。

关于这件事所能追溯到的最早缘由，来自小学二年级。

同院子里的小伙伴们一起上学的路上，在清晨飘着落叶的马路边，我们看到了一只死去的鸟。

它以一种极度可怜的姿势松散地躺在路边，在这样明媚的天气里，显得有些突兀而又荒唐。

那满身的羽毛原本也许是灿烂的，却已经被污水冲得晦暗。

在大家觉得“害怕”“恶心”“没感觉”等种种反应之外，不知为何，唯有我突然难过得抑制不住，眼泪夺眶而出——甚至无论被小伙伴们如何嘲笑都无法停止，就这样一直抽抽搭搭地哭到学校。

因为实在太爱哭鼻子，我时常会被笑话。有时在课堂上念课文，念着念着就会鼻子通红，下一句就变成了哽咽的吞音。

甚至我能够明确地感觉到，这些眼泪根本不经由我的思维控制——事实上，等到它们已经快速地从我的面颊滑落下来的时候，我时常还没有意识到我究竟是为何流出了眼泪。

有些调皮的男生，会故意把拍死的蚊虫放在我桌子上，问我："怎么不哭呀？是不是马上就要哭出来了？"

我又羞又恼，在一次次不由自主地泪盈于睫中，不断问自己究竟是怎么了。

那时候的我，实在是不明白自己为何有这么多无意义的多愁善感。

也许越想要压抑一件事，便越克制不住它猝然的爆发。

某天下午，大家都正在好好地上着课，突然发现窗外不知何时下起了雨，我竟然就莫名其妙地伤感起来，一不小心就鼻子发红。

我哭泣的原因，不是因为忘记带伞了，也不是因为穿的衣服少怕冷，更不是因为我讨厌雨天。

我哭泣的原因就像我几乎所有不自觉流泪的原因一样——在很短很短的时间里，我就会敏锐地被很多看似微小的事轻易激发出温柔的感动。

而我的眼泪很快就被邻桌的男生看到了，他"关切"地问我："你怎么了？"

掩饰已经来不及，我只有老老实实地说："看见下雨了，不知道为什么有点儿难受。"

接下来，那个时常喜欢捉弄人的男孩便被笑憋红了脸。

继而"××因为下雨就哭了"这件事便很快传播开来，直到我清晰地听见前排同学压低声音说："什么？！××一到下雨就哭破嗓子？！"

如今再回想这些捉弄或者流言，当然也不会觉得多么尖锐，反而带着些童趣。毕竟对于小孩子来说，一切新奇的事都会引起他们的瞩目——我相信他们没有带着丝毫的恶意。

只是对于那时年幼的、本就由于无法控制自己敏感的情绪和发达的泪腺而屡屡不知所措的我来说，依然感到了难以承受的尴尬与无地自容。

当别人带着笑的议论像蚂蚁一般侵入我的耳朵时，我终于在那个课间无法忍受这样的折磨，默默地走出了教室，走下了楼层，甚至离开了教学楼。

我来到楼背后一处小花坛边上，在哗啦啦的雨中肆意地释放着自己的眼泪。

直到上课铃声响起，我仍然觉得自己的这场哭泣没有结束——原来一双眼睛里，竟会存着这么多温暖的泪水。

当哭泣终于慢慢停歇的时候，我感到胸腔内填满了空气中的淡淡清新。那感觉如同乘坐着一只热气球，渐渐脱离了一切的沉重，向往着轻松的天空。

就在这个时候，我不经意地看到了一片美到无可置信的梧桐叶子。

它刚刚离开湿润的树枝，在雨中打了个优雅的旋儿，然后在我的视线中静静地落到一小滩晶亮的雨水中。

它轻柔而又优雅地扬了扬身体的两翼，就仿佛一位衰老而仍旧美丽的舞者。

即使坠落的姿态意味着凋零，它的脉络也依然在雨水的冲刷下越发清晰。

微风吹起来的时候，我清楚地看见它的一角微微向着天空荡漾，仿佛是在同赐予了它生命的大树告别。

由于那一小滩雨水的存在，这片多情的叶子并未一下跌在坚硬的地面上，而是随着水波不时微微荡漾。

——就仿佛，开始了一场微妙却悠扬的漂泊。

在那个如歌的雨天，一切寻常的事情——枯燥的数学课、爱瞪人的老师、嘻嘻哈哈的同学，都离我那样的遥远。

我静静地看着那一片温柔而灵动的叶子，在这场大雨里幸福地遇见一场意外的美丽。

或许，它也幸福地流下了些温暖的、轻柔的眼泪，被雨水带走，一同去拥抱大地。

后来的日子里，我还是会经常不小心哭泣，经常在一幅简简单单的景致面前感受到一种血液中兴奋的澎湃。

这些，也许终究都是别人不会去在意的事情。

但正是这些别人看不到的事，让我慢慢地爱上了自己眼中这个精致而又玲珑的世界。

03

当渐渐开始有人告诉我“很喜欢你写的东西”“我也想要去看你说的那场雨”“看完这样的文字好像觉得世界美多了”的时候，我心里感到巨大的欢喜与自豪。

正是由于可以看到那些别人看不到的事情，我才可以发现那些更加细致的美丽，才可以拥有一支一天天越发漂亮的笔。

我最钟爱的作家是极富才华而命运多舛的奥斯卡·王尔德。我时常喜欢在下雨的窗子边，一遍遍读他的作品，尤其是那些精致而忧伤的童话。比起被刻在伦敦王尔德雕塑上广为人知的那句“我们都在阴沟里，但仍有人仰望星空”，我更喜欢他在《少年国王》里说的一段话：

“少年把这些探访称为探险之旅。对他来说，在这块神奇的土地上，他确实是在进行真正的旅行。有时会有几个金发的宫廷侍从跟着他，他们身材瘦长，身上的斗篷迎风招展，色彩明亮的缎带舞动不止。但是大部分时间，他都是一个人出去，因为某种一闪而逝的直觉告诉他（这直觉简直就像是预言）——艺术的秘密最好是暗自求得；而‘美’，就像智慧一样，喜欢孤独的崇拜者。”

我曾经多么恐惧孤独，恐惧自己古怪的行为脱离了常人的认知而引人发笑，恐惧自己诡异的思维偏离了所谓正确的方向而驶入歧途。

可是假如现在，我就是那位拥有珍珠权杖、红宝石王冠、金线长袍的少年国王——我想我也会坚定地拒绝那些侍从的陪伴，选择独自完成对这个世界的探访。

请珍惜你身上那份神奇的、与众不同的能力。哪怕它现在看起来多么的奇怪，多么的无用，甚至有些离经叛道。

请你用力地、勇敢地珍爱它——因为终有一天，它会成为令你喜欢上自己最坚实的理由。

做个不着急的聪明人

01

我的好朋友阿涛凭着名牌大学的学历和不凡的谈吐，在人才招聘会上成功打败了数万名竞争者，进入了某世界五百强企业。他在微信朋友圈中抒发自己的凌云壮志：“计划用一年时间进入公司中层，再用两年的时间晋升高层。”大家纷纷点赞这条动态，称赞他有志气、有魄力。

阿涛在大学期间就表现出色，不仅成绩优异，而且社会实践能力极强，身后有一大批追随者，大家都认为他一定会成就一番事业。

阿涛唯一的不足就是性子莽撞，急功近利，总想“一口吃个大胖子”。

进入公司后，他被留在了人事部，部门经理让主管红姐带他。但跟了红姐几天后，踌躇满志的他就开始质疑红姐的能力，觉得她优柔寡断，做事拖泥带水，工作效率太低。加上红姐根本不让他接触核心业务，反而常常叫他做一些跑腿的工作：发快递，送标书，做会议记录，每天还有看不完的基础资料……红姐看出了他的不满，但没有点破，也从不解释。

阿涛觉得自己被埋没了，他急切地想要一个能展示自己能力的机会。终于，他如愿等来了一月一次的总经理会议。在给总经理倒水的间隙，激动的他忍不住毛遂自荐，递上了自己精心准备的简历，希望公司对他能委以重任，并抱怨说他在科室不被重视，常常被派去打杂，这实在是浪费人才。

推门进来的红姐恰巧看到了这一幕，不由得脸色大变。阿涛却暗自得意，以为总经理会骂红姐不会用人。不料总经理却和颜悦色、轻声慢语地问了他一些关于基础资料的问题。他一心只想着干大事儿，哪里记得住那些小数据，于是支支吾吾，脸憋得通红，一句也答不上来。最后，还是红姐帮他解了围，让他赶紧去客户那里拿趟资料。他如获大赦，灰溜溜地走了。

下班时，内心崩溃的阿涛忐忑地等待红姐宣布自己的“死期”，盘算着如何能体面地走人。这时，红姐从办公室出来，拿出了一摞资料，放在他的桌子上，并示意他打开。

他打开那份文件，看到了里面密密麻麻的员工名单。这时，他才知道，身边那些看起来普通平凡的同事，几乎都是名牌大学毕业的，其中还不乏留学归来的高才生。

原来，红姐的主要任务是为各部门选派合适的员工。每个员工到红姐手下之后，都要经过半年的考察期，红姐会根据他们的性格、特长等，把他们分配到不同的岗位上去。

红姐说："公司从来不会浪费人才。名牌大学毕业证只是你进入大企业的门票，只能代表过去。进来之后，你得学会忘记过去。你很聪明，但是要慢慢来，不要着急。我看到过太多的年轻人，虽然很聪明，但最终都毁在了'太着急'三个字上。"

阿涛听完后，为自己的浮躁深感羞愧，同时也为自己的不懂事向红姐郑重道歉。

从那以后，阿涛成了红姐手下最得力的干将，人踏实下来了，工作也慢慢捋顺了。

半年后，阿涛果真凭借出色的表现进入了销售部门。至于被领导另眼相看，加薪升职，且赢得了一片好名声，就都是后话了。

如今的阿涛早已不再是过去那个愣头青了。他变得成熟稳重，凡事分得清轻重缓急。他说要感谢红姐及时挽救了他，使他没有毁在"太着急"上。

02

我大学刚毕业时，曾在一家广告公司工作。当时的设计部同时招来了两位设计师：一位叫刘欣，学的是美术设计专业，设计软件用得非常熟练，但以前从事的不是广告行业，算是半路出家；一位叫小东，美术专业科班出身，从小就开始学画画，美术功底很好，他面试时的手绘作品让我们赞叹不已，但缺点是不太会使用绘图软件。

公司空出来的岗位只有一个，也就是说，三个月的试用期结束后，两个人只能留下一个。

上班第一天，设计部主管就告诉他们：在广告公司，效率就是金钱，希望两个人好好表现，争取能成为留下来的那个。

两个人都干劲十足。为了考察他们，也为了给他们公平竞争的机会，三个月内，公司几乎所有的项目都会让他们一起参与，看他们身上有什么闪光点。其他资历深的同事在出方案的同时，也会让他们都试试手，给出自己的方案。

刘欣很聪明，做事也快，总是能第一个交上自己的方案，效率之高，让设计部的其他同事都望尘莫及，主管也非常欣赏她的电脑技术。小东则每次都远远地落在后面，他需要经常熬夜加班，才能在限定时间内交出作品。

不仅刘欣对自己充满信心，我们一帮老员工也都认为她肯定能留下来。而小东则一心扑在自己的作品上，好像对结果并不在意。

为了不影响两个人的工作状态，每一轮作品的评比结果都只有副总一个人知道。

三个月很快过去了，当设计部主管宣布最后留下来的是小东时，大家都目瞪口呆。设计部主管遗憾地告诉刘欣："抱歉，用人权在副总手里，这是他决定的。"

争强好胜的刘欣不服气，就哭着去找副总，质问："对公司来说，效率就是金钱，明明每次做得又快又好的是我，为什么留下的却是他？这不公平！"

副总并没有说话，而是将三个月以来两个人的所有作品都摆在她面前。

看着刘欣的眼神逐渐黯淡下来，副总才慢悠悠地说："虽然公司追求的是效率，但是如果质量不过关，只是一味求快，等于没有效率。只有不急不躁，才能磨出好作品。你只是追求速度，而小东是追求完美。每个项目他都会认真思考，他的每个方案都富有生命力，不单单是一幅幅冷冰冰的电脑绘图。所以，他所有的方案几乎都会被采纳，而你的只有一个被采纳了。技术不过硬可以慢慢学，但是设计理念却很难在短时间内学会。"

跟小东慢慢熟络之后，我曾问过他："当时看到刘欣做事那么快，你为什么不着急？”小东笑笑说：“着什么急？我是真心想干广告设计这一行的，如果我用心设计出的作品，客户都不满意、不认同，那我留下也毫无意义。所以，不用着急。”后来，小东用出色的设计能力验证了副总的判断，他真的是个“不着急的聪明人”。

03

有些人往往自视过高，总想着尽早获得成功，尽快达到事业的巅峰。于是，总是看不惯那些他们眼中所谓的笨蛋，总觉得别人不懂得欣赏自己的才华，一会儿嫌弃甲的速度太慢，一会儿嫌弃乙的方法太笨。

殊不知，越是着急，就越是容易乱了心神，潦草敷衍，让人觉得不靠谱。

不着急，才能按部就班；不着急，才能心态平和；不着急，才能一步一个脚印，安全抵达你想去的彼岸。

慢下来不一定会赢，但是慢下来会让人头脑冷静，会让胜算翻倍。

被称为“艺术天才”“黎巴嫩文坛骄子”的纪伯伦曾说过：“如果有一天，你不再寻找爱情，只是去爱；你不再渴望成功，只是去做；你不再追求成长，只是去修行，那么，一切才刚刚开始……”年轻人可以将这段话作为座右铭记下。

聪明人都不着急，因为他们自有一套处世法则。他们深知，让自己慢下来，才能看清方向。尤其是刚到一个新单位，刚接触一个新行业时，一定要冷静思考，才能找准方向。在你羽翼未丰时，最好还是沉住气，做一个埋头苦干但心有丘壑之人。

慢慢来，一切都来得及，真正的聪明人从来都不急。

我们不用讨好这个世界

01

我有个表弟，大学毕业以后，听从家里的建议，回老家找了份工作。工作稳定以后，开始了他的相亲历程。这几年也陆续谈过几个女朋友，但出于各种原因，每次到谈婚论嫁的节骨眼儿上就掰了。

眼看着表弟年龄一天天大了，他父母很心焦，逢人就诉三分苦："原本他成绩好，我们全家都跟着骄傲，心想这下好了，将来大学毕业了，能找份好工作，我们老两口也就放心了，可是现在连女朋友都找不到。早知道这样，当初就不该供他读书，没准儿现在孙子都已经满地跑了。"

看着老人家无奈又辛酸的叹息，我不禁想起了我刚毕业的那段时日。那时找不到太好的工作，就先找个事多钱少的工作应付一下。因为没钱，当时只能租住在西安某个城中村里，房租便宜，一个月一百块钱。可即使这样，也根本就没有考虑过以后找对象一定要找个有房有车的，只想着彼此心里踏实就可以了。

记得当时我租住的那栋楼里有一对裸婚的小青年，整个结婚过程只用了几百块钱——请朋友们吃了一顿家常便饭，买了一些大红的喜字和亮闪闪的网状坠饰装扮一下租来的十平方米的小居，给整栋楼每户人家分了点儿瓜子和花生，分量虽然不多，但是他们特别用心地在大红喜字网纱状的小袋子上系着蝴蝶结，看起来非常喜庆。

那时我们也都怀疑这样的婚姻能幸福吗。在那住了很长时间，我从来没有听到他们争吵过，即便是后来孩子出生，生活中各种乱七八糟的琐事，也没见他们红过脸。有时候想想，是否幸福与金钱多寡并没有太大的关系，真的是由人的内心决定的。人心寡欲便处处欢喜。

这么多年过去了，我现在依旧经常能在QQ上看到他们的动态——按揭买房了，孩子已经快要上小学了，也补拍了婚纱照，调皮的儿子还做了他们的花童。这么多年，变化了很多，唯一没变的就是他们的感情。

我的一个朋友木羽也是裸婚一族的实践派。大学毕业一年后，邂逅了现在的先生，第二年开始为将来做打算。第四年裸婚，没有婚宴，没有婚纱照，和公婆一起挤在他们的老房子里，除了床是新的，其余全是旧的。第五年，她和先生唯一的宝贝出生。第八年，他们攒够首付，买了属于自己的房子。第九年，先生问她要不要补拍婚纱照，她说算了吧，现在这么胖，照出来肯定很难看。

婚姻的幸福与否和有没有婚纱照等外在物质条件没有必然联系，自己幸福就好。有钱人有有钱人的活法，没钱人有没钱人的活法，那些打肿脸充胖子的事情还是不要做了，因为那样受苦受累的永远都是自己。

按照亲戚的那种说法，认为是上学影响了表弟找对象结婚，觉得上学没用，这是个连想都不用想的谬论。上大学的那几年里，和来自全国各地的优秀学子在一起，见识了地域和思维模式的不同，思想和眼界会开阔很多，对自我的探讨与认知也会逐渐加深，并且在文化修养、艺术修养、人文修养以及道德修养上都得到了很大的提升。或许，表弟可能没有那些很早走上社会的同学有钱，暂时没有他们发展得顺利，但这是两条截然不同的路，过早地否定必然是非常错误的。表弟的人生肯定是另一种层次，只是时间早晚而已。

大学就是社会的一个缩影，在大学里人们学会了人际交往，学会了如何适应这个社会，也学会了如何在这个复杂的世界里保持自己的简单和淡然，还会在最纯美的青葱岁月里收获最难忘的回忆，这些都是不可忽略的宝贵财富。

他们现在需要的是时间，我们要对他们有耐心，只要他们不懈努力，假以时日，定会在自己的位置上做出一番成就来的。

02

前段时间，我看了一本叫作《哲学的故事》的书，书中的一段话我觉得特别经典，现在把它摘录下来："如果善意意味着聪明，美德意味着智慧，如果通过教育，人们能够找到自己的真正兴趣所在，能够看清自己的行为可能产生的后果，能利用批判和协调的精神来调整自身杂乱无章的欲望以形成一个目标明确、具备创造力的和谐整体，那么，这或许就能成为那些受过教育且思想深刻的人的一种道德规范。而对于那些未曾受过教育的人，则只能使用反复的说教和外力的强制了。或许，所有的罪过都出于错误、片面的观点，是愚蠢的表现？有识者或许跟无知者一样，偶尔有暴力或不文明的冲动，但可以确信的是，他们能够更好地控制这种情绪，因而很少见到他们真正做出什么兽性的行为。唯有清醒明智的头脑才是维护和平、秩序和良愿所真正需要的。"

我们不必羡慕那些拥有世俗物质的朋友，你受过的教育、流过的血汗，你学到的知识和你拥有的珍贵品质，都是你未来的铺垫，会指引着你走向光明的道路。

这世间的很多东西，都不能用金钱来计算。不要在意这社会如何浮夸，心思沉静，我自沉稳不动。外在物质再美好，也不能决定你是否幸福，如果你想争取幸福，就没有人能够阻止你。

当然，你爱的那个人物质条件不错再好不过，如果他现在暂时没有，你也要相信自己的眼光。给彼此时间，相信彼此的力量，只要你选择的是对的那个人，只要一直努力，终有一天，你们会得到想要的幸福。自己奋斗得到的东西才能牢牢把握和珍惜，与心爱的人携手打拼的过程，才是人世间的清欢，这本身也是一段幸福的旅程。

也许你会遇到更好的，也许此生再也遇不到，谁知道呢？既然青春留不住，为何不抓住眼前？也许在你踟蹰为难的时候，那个人已经心灰意冷，转身离去。

有一个至今仍未婚的老同学跟我聊天时说："我现在后悔了，以前总觉得自己年轻，以为稳定下来再结婚才是明智的选择。这么多年过去了，我忽然发现，结婚了不就稳定了吗？可是我错过了曾经最想和他结婚的那个人，现在看着你们孩子一个个活蹦乱跳的，说不羡慕那都是骗人的。”

是啊，人生一世，草木一秋，有一个地方陪伴我们最长久，这个地方不需要很大，也不需要太华丽，因为有了爱，这个地方才叫家。有爱随处都可以是家。

要相信，我们拥有智慧和爱，就拥有了最珍贵的无形资产。

女金刚不需要偶像剧

01

我的发小D小姐一直在感叹“活了二十几年却没有过一场像样的邂逅”。

自打高中起，她就沉浸于各种言情小说和偶像剧中，可是那些令女生神魂颠倒的爱情片段却不曾出现在她的生命中。

例如：

快要摔倒时被帅哥扶住，两人四目相对，然后互生情愫。

被坏男孩刁难时，霸道总裁出来救场，对她露出一副傲娇又疼惜的表情，为她倾心一辈子。

旅游时遇到的阳光大男孩体贴又温柔，在雨中将自己的风衣脱下披在她身上，并眉目含情地看着她。

这些情景，她都没有遇到过，一次也没有。

有一天，D小姐兴冲冲地给我打来电话，声音有些颤抖："我邂逅爱情啦，跟很多小说里的情节一样。"

我想着她对天咆哮的样子，也忍不住激动了一把："赶快为披上婚纱做好准备吧，灰姑娘。"

D小姐的语气马上像是飞速下滑的过山车："可是，最后还是搞砸了。"

接着，D小姐给我讲述了她邂逅爱情的经过，那是一个画面感很强的故事。

那天，D小姐晚上八点才下班，回家的路上，她在一家饭馆打包了一碗拉面。快走到小区住所时，她忽然发现小区花园的石凳上坐着一个很帅的男生，只是他的表情看上去十分痛苦。

D小姐不想多事，自觉地选择了绕路，可还是被那个男生叫住了。

"麻烦你……我胃疼得厉害，能不能找杯热水给我？"男生抬头对D小姐发出哀求。

故事的转折点就此出现。

按照偶像剧的发展情节，D小姐应该快步走上去，用温柔急切的声音询问"你怎么了"，然后那个男生会体力不支，倒在她怀中。她立即将男生送到医院，并且悉心陪伴，直到他苏醒，或是干脆将男生搀扶回自己家中殷勤照顾。这之后，男生对她产生了莫名其妙的情愫，最终跟她喜结连理。

可是，我们的D小姐冷静地停下了脚步，飞快地将小区中经常见面的住户在脑中过了一遍，观察了一下周围有没有人，并用手机偷偷地拍了张现场照片用以被讹诈时取证。她一边拨打“120”，一边大声招呼着在不远处巡视的保安，最后她说出了让自己最后悔的一句话：“我已经给你叫了救护车，我先走了，我打包的饭都要凉了。”

写到这里，请读者自觉想象一下一百只乌鸦从天上飞过去的场景。

经过这一遭，D小姐的偶像剧情结被治愈了一半。虽然她每次看到这类剧情时还是会大呼小叫、歆羡不已，但至少会在后面认命地加一句“反正这种事肯定不会发生在我身上”。

02

D小姐是个内心强大的姑娘，那一颗期待着邂逅爱情的少女心，在她的冷静理智面前，如一粒尘埃般微不足道。

很多言情小说和偶像剧里的女主角总会被情敌羞辱，最终还要像圣母一样原谅情敌。

可是，当情敌醋意十足地问D小姐“他到底喜欢你什么，你哪点比我好”时，D小姐可以微笑着淡定地说：“你自己去问他好了，我正好也想知道呢。”

很多言情小说和偶像剧里的女主角总会遇到霸道挑剔的婆婆，不得不忍气吞声。可是，D小姐第一次见准婆婆时，却用一张巧嘴哄得婆婆喜笑颜开，还收到了婆婆给的大红包。至于婆媳关系这种事，D小姐的理解是，如果有矛盾的话忍让老人家是必要的，但还是要把道理讲清楚，才能不伤感情。所以，每当她看到偶像剧里的女主角带着无辜、委屈的表情面对婆婆却含泪摇头不说话时，总是恨铁不成钢得要命。

在D小姐这样的“女金刚”眼里，婆媳之间没有什么是解决不了的，一遍不行说两遍，第二遍还不行就换思路，直到找到解决方案。

D小姐认为，没有什么事是需要自己打落牙齿往肚子里吞的，如果身边的人只能分享甜蜜欢乐而不能分担痛苦忧伤，那我要他干什么？

她是一种超越了“软妹子”“女汉子”的存在。

软妹子觉得自己什么都做不成，肩不能扛，手不能提，身边没有人陪简直会死。

女汉子觉得自己什么都可以尝试，换桶装水、修电灯泡……一个人可以撑起一片天。

“女金刚”不需要偶像剧。如果她们单身，她们会活得有声有色，不会因为身边的朋友一个个都结婚了而草率地将自己交付给谁；如果她们有了男朋友或是丈夫，那她们认定的人必然是自己千挑万选出来，跟自己旗鼓相当的人。

“女金刚”往往跟偶像剧里的爱情邂逅无缘，也可能只是原本就不需要而已。

你可以过上自己喜欢的生活

01

很多人都说职场如战场。不过有的人却用自己的人格魅力驱逐了那一场场征战，一次次翻云覆雨，还否决了那些诸如世态炎凉、人情冷暖的人生评价。

其实这些所谓的评价都只取决于你怎么去看待周遭的事物，很多的惶恐和恩怨都来自自身的私心和偏执。如果你不曾想过踩着别人的肩膀往上走，那么别人也不会死命地把你往下拉。而一时的得势和成功，又能代表什么，改变什么呢？

知道隆哥这个人，是在一次K歌聚会上听人说起的，他是彤彤姐一个朋友的朋友。

那天来了很多“麦霸”，我和彤彤姐都唱不上歌，好不容易把曲目排上去，结果又被人给推后了……

既然没我们什么事儿，就只好坐在一旁边喝果汁边聊天了。

彤彤姐说，她有个朋友现在当老板了，混得可好了。还说，要是我们去厦门就直接找他，他管吃管住管玩。

那么好！这我可要了解一下。

彤彤姐说，那个人叫隆哥，特讲义气，特豪爽，还认识不少大有来头的朋友。隆哥是东北男人，确实够意思，够爷们儿。

我很好奇隆哥这一路是怎么功成名就的，所以就让彤彤姐详细讲讲。

彤彤姐告诉我，隆哥当年其貌不扬，成绩也不怎么样，因为高考没考好就进了一所普通的大学。大学期间，他也没怎么学习。可能是因为他知道，他们那会儿毕业了是分配工作的，所以他不着急。可是，到了大四毕业那年，好的地方都被其他同学给占了，不少人都去了大城市。隆哥却被分到了某省一个制造锅炉的厂里，负责设计锅炉，他觉得很无奈……

不过他去了厂子之后貌似运气不错，有不少领导很欣赏他的才能和为人。于是，隆哥就一级级往上升，收入也逐渐提高了。之后，隆哥就不想待在那里了，想换个地方。那边有一个哥们儿本来就嫉妒隆哥升得快，就嘲讽他说："那你干脆换个国家待得了。"

那一年，倒也很流行国外务工。

隆哥琢磨了一阵子，就真想办法申请去了澳大利亚，还在那儿找到了一份工作。

这一下子，隆哥可火了，真是红遍亲戚圈和朋友圈。

可是没过两年，隆哥又回来了。人家问他：你不好好地待在澳大利亚，回来干什么？

隆哥说，他移民之后发现自己不太适应那里的环境。他想打扑克没人陪他打，他想喝酒也没人陪他喝，整天面对的就是遍野的飞禽走兽。

于是，隆哥又回到中国生活。

02

隆哥回来之后，把一群好友都探访了一遍，然后召集大伙儿开会，说他想创业，准备自己开个公司接项目，有谁愿意干的就跟他干。

当时，有不少崇拜隆哥的哥们儿一听，完全都不用考虑，就说要跟着他干。结果，一拨人就这样跟着隆哥离开了家乡。隆哥那会儿还没想好去哪儿，不过他很快就选择了厦门，照隆哥的说法是，去厦门是因为在厦门能看看海，吃吃海鲜……

一群人在厦门的一栋楼里租了一间房，弄了个办公室，就这样干起来了。

隆哥来厦门之前就联系了几个以前公司的老板，又联系了一些航空公司的人，然后约他们吃饭，畅谈了一下自己的想法。

这生意嘛，双方都有的赚就行，再说隆哥这个人看着就仗义，不糊弄人。所以，他们决定跟隆哥合作。隆哥在厦门做的业务是老本行，他只是把业务转接给了航空公司那边，专门给航空公司生产一些零配件。

这不，现在做得可是风生水起的。

彤彤姐说，前年隆哥组织同学聚会，大多数同学都混得很一般，可谓一入公司深似海，薪水和职称都没涨过，一直在海里漂啊漂。那年聚会，订酒店、吃饭、制作同学录等费用全都是隆哥一手包办的。

那些同学看到隆哥如此风光，应该是又羡慕又妒忌吧。

03

听彤彤姐说完，我觉得工作能顺利、生活得快乐，都和人的性格大有关系。在学校的时候，隆哥就不玩拉人脉那一套，大大咧咧地与人相处。然后，出了学校就开始打拼了。我想，隆哥一定很讨厌溜须拍马的事儿，他要凭自己的本事打下一片天。说直白一点儿，隆哥就是个实在人。再说了，一个人如果工作努力，性格豪爽，为人靠谱，谁会不喜欢呢?

隆哥工作时升了职，也一定从不摆架子，对同事们很好。不然，怎么会有一群朋友死心塌地地跟他一起创业呢？

这样的人，我觉得去哪里都有路。

至于从国外回到国内生活，又可以看出隆哥生性喜欢热闹，喜欢交朋友，在国外就他一个人，那不是要闷死他吗？

不过，一个人不出去走走，又怎么会知道国内的好呢？

彤彤姐说，隆哥现在一下班就约一群人去唱歌，三天两头还叫大伙儿到他家去吃火锅。照隆哥的话说，这才是人过的日子……

什么是美好的生活？能让自己过上自己喜欢的日子，那就是最美好的生活……

第二章
纵有万般心碎，也要笑得甜美

那些曾经以为无法跨越的坎儿，都已成为人生路上一道道独特的风景，见证着自己从脆弱走向强大，从心碎走向辉煌的蜕变历程。

对自己好一点儿，吃饱喝足

01

最近参加了一个同学聚会，见到了很多许久不曾联系的同学。

大部分女同学都已成家，话题大都是围绕着家庭和孩子。我注意到坐我斜对面的当年班里的文娱委员小可，她并没有和其他女同学那样聊那些琐碎的家常话题，而是豪迈地和我们一众男生喝酒唱歌。

趁着间隙，我和她聊了会儿。话题转到她的感情经历，她说两年前和谈了很久的男朋友分手之后，也断断续续谈过几次恋爱，但是如今她很享受一个人的生活，暂时还没有结婚的打算。

加过小可的微信之后，发现她的朋友圈里发的都是去各地旅游的见闻和美食。她隔三岔五就会背着背包去环游世界，每到一个新的地方，都会去租住当地的民宅，发掘当地的特色小吃，靠给旅游杂志写游记挣取经费，她已经去过五十多个国家了。

去见识更大的世界，品尝更多的美食，谈着短暂而没有压力的恋爱，尽情地对自己好，不过多地考虑太久远的将来，这种生活状态，有多少人羡慕。

如今到了我们这般年纪，被催婚的被催婚，该生娃的生娃，很多人被迫放弃人生中那些最喜欢的事情，纷纷跳入“围城”生活。小可对我说，身边的好些姐妹一到了适婚年龄，就会迫不及待地找个男人嫁了，也不管对方到底适不适合自己。她们婚后过着鸡飞狗跳的生活，还经常给她发消息抱怨丈夫对自己不好。每当这时，她都会很同情她们。

我问小可：“难道你的父母就从来没有催促过你的婚事？”

她说：“我的父母比较开明，给予了我足够的自由和尊重，从来不会插手干预我的感情问题。”

得益于父母的深明大义，哪怕自己早已过了常人眼中的适婚年纪，小可依然可以选择自己想过的生活。她想趁年轻的时候多走一些路，多长一些见识，多做一些喜欢的事情，也算是给自己的人生一个交代。

02

身边有一个认识了十多年的朋友落落，她是那种看上去就让人觉得特别温柔懂事的好女孩。她之前交过一个男朋友，那个男的是个待业青年，天天在网吧打游戏，一直靠落落养着。

后来，那个男的在游戏里认识了一个女孩，两人私下见了几次面以后，居然情投意合。没过多久，她男朋友就跟着那个女孩走了。

男朋友走后，落落就把自己所有的难过都闷在心里，只在夜深人静的时候暗自垂泪。

原以为这段感情就这么翻篇了，没想到更糟心的事情来了。那个男的在某天深夜给落落打来电话，说自己不小心让那个女孩怀孕了，让落落给他转几千块钱救救急。落落念及过往的情分，挂了电话后就把钱给他转了过去。

她和我说起这事的时候，哭得很难过。她说这些年来自己舍不得吃、舍不得喝，省吃俭用攒下来的积蓄，都被前男友挥霍得毫无剩余。我劝她不必在这段感情中苦苦挣扎，趁早跟他断了往来，多花心思爱惜自己，把自己收拾得体面漂亮了再去爱别人。

那些在恋爱中只付出不求回报，把男朋友当孩子来养的姑娘，多半过得不大如意。

她们往往是付出得越多，越显得廉价，也越不容易被人所珍惜。

要是连你自己都不懂得疼爱自己，那就真的没有人会对你好了。

03

像落落这种宁可苦了自己也不愿意辜负他人的人，我在生活中见过很多。

他们无私付出，甚至放弃自我，留给别人的永远是好形象。实际上过得好不好，也只有他们自己心里清楚。

我曾经不止一次地在文章中提到过一个观点：不管别人对你如何，请记得一定要对自己好一点儿。

不必活在别人的期望里。多为自己考虑，满足自己的需求，成全自己的快乐，才能过上恣意潇洒的人生。

比如，请自己吃一顿大餐，给自己买好的化妆品，出门去更多的地方走走。

一旦这么做了，我无法确定你到底会不会被这个世界温柔以待，但我相信，你一定会被认真生活的自己感动。

我并不是鼓励大家成为一个自私的人。只是当你全身心地付出，无条件地对别人好，但别人不但不心疼你，反而觉得理所当然的时候，只会让自己受了委屈，甚至落得满身伤痕，其实并不值得。

人生苦短，请务必要对自己好一点儿。

毕竟，只有把自己的人生经营好了，让自己的内心充满真诚和善意，才会有更多的精力去爱别人。

一边泪流满面，一边心花怒放

01

前些天，相距千里的表妹打电话给我。电话里她一把鼻涕一把泪地控诉老公的种种缺点，说他一个大男人，每个月赚的钱还不够付生活费的，她经常会因为这种拮据的生活和老公吵架。

她还和我说：“这样的婚姻很累，没有一丁点儿希望，我想离婚！”这是表妹最后的结论。

我沉吟了半晌，问她：“你觉得他一个月赚多少钱才足够？”

表妹支吾了一会儿，说道：“至少要让家里财务自由吧，想去哪里就去哪里，想买什么就买什么。可是现在这个男人挣钱这么少，我永远也不可能过上我想要的生活啊！你说我当年是不是瞎了眼啊？”

想在我这里倒苦水，让我当你的垃圾桶？我才不是那种滥好人。是的，我不是那种会在你遇到难题时陪着你哭天抢地的人，我只会狠狠地对你说，想哭你就使劲哭吧，千万别想拉着我陪你一起哭。在这个浮躁的社会，每个人都很忙，谁都没义务陪你一起流泪。你应该直面问题，去寻求解决办法，而不是整天向别人哭诉，寻求那丁点儿安慰。

实际上，别人的安慰是解决不了任何实际问题的。安慰完了，问题还在，只要你不去解决，它就会一直存在。

于是我毫不客气地对表妹说："既然这个男人这么差劲，我看直接离了算了，也省得你天天这么糟心。"

电话那头猛然屏住了呼吸，看来她根本没有想到我并没有顺着她的意思，和她一起痛斥她老公的不是，而是扔给她一个这么残酷的答案。隔了一会儿她才缓过神来，稍显犹豫地说："我就是心疼娃，娃还这么小，我不想让他在单亲家庭中长大。"

我继续没好气地说："你要是真心疼娃，就别喋喋不休地抱怨、挑剔，你得想办法改善你们两个人的关系，给娃一个温馨、幸福的家庭氛围。抱怨是解决不了问题的，唯一的解决办法是要控制自己的欲望，节省自己的开支，开源节流，和你老公一起努力奋斗。"

听完我的话，表妹沉默不语。

02

我有一个群，群里的人来自五湖四海，聊天的内容也是随心所欲，虽然不在一起，但亲得像兄弟姐妹一样。有次聊天，不知不觉聊到了婚姻这个话题。未婚的都对婚姻心存憧憬，已婚的却大多表示肠子悔青。大家后悔的原因不一，什么人懒工资低、不浪漫如呆头鹅、家人不好相处等，形形色色的抱怨不胜枚举，甚至有些人早已把好好一个家庭折腾得四分五裂。

其实，如果你感受不到另一半对你的爱，为什么不想想是不是自己的感知出了问题呢？如果真爱仅仅用一束玫瑰花和“我爱你”三个字就能代表的话，这样的真爱你敢要吗？最好的爱情原本就是平平淡淡、相濡以沫，是一箪食一瓢饮都彼此乐得自在的坦诚。诚然有些男人浪漫有情趣，会时不时地变着花样哄你开心，可当年不正是我们自己选择了现在这个“呆头鹅”的吗？也许他不浪漫，也没有情调，但既然当初你选择了他，肯定有你的理由，想想这个理由，这就是你爱他的原因。

03

不光女人对男人有怨言，男人对女人的怨言也不少。

我有一哥们儿，深爱一个女人，没结婚的时候觉得这个女人有品位、很时尚，用现在的话说，她就是他的女神，甚至到了非她不娶的地步。

谁知道婚后才知柴米油盐贵。

他在工地上工作，工资不是很高，活儿还特别累。而妻子却整天买这买那，而且一买就是名牌，不找工作，家务也不做，一味地追求享受。哥们儿曾不止一次地向我们抱怨他老婆花钱太厉害，一点儿也不贤惠，还爱慕虚荣、喜欢攀比，家务也不乐意做，对他的父母也不好。

可是反过来想，你有什么理由这么怨气冲天呢？

难道现在和你一起生活的那个人，不是当年自己选择的吗？那时候你们是多么意气风发，对未来的围城岁月有多少虚妄的憧憬，总觉得你们注定能地老天荒，把所有人的劝阻都当成耳旁风。

然而，你们过了热烈的恋爱期，还没一起经历风雨就开始变得挑剔。梦幻的面纱被生活这双无情的大手慢慢揭开，露出很多原本就存在而你曾经忽略的生活本质。这些本质一直存在，只是当时为爱情昏了头的你们选择视而不见，而现在避无可避时，它已然赤裸裸地呈现在你们面前。这时你们后悔了，恼羞成怒了，又埋怨起对方来了，而埋怨又有什么用呢？

你们是否认真考虑过，也许不是你的他或她变了，而是我们自己变了，心态变了，要求更多更苛刻了？

恋爱的时候，我们会说："我不要他怎样，我只要和他在一起，择一城终老，两个人这样平平淡淡过一生便是极好。"我们心里都清楚这个人不是世界上最好的，他没有多少钱，工资也不高，相貌普通，还有很多坏毛病，但我们还是肯定地跟自己说："就是他了，我不是那种势利和以貌取人的浅薄之人。我爱的就是他这个人，其他的和我无关。"

于是你们就彼此坚持走到了一起。可生活不是童话故事，不是王子和公主最终结婚就结束了的，生活是一场漫长而又坎坷的泥泞路，有太多问题、太多困难需要你们一起去解决。

生活中总会有层出不穷的问题，不管你是有钱还是没钱，是美貌还是丑陋，是奢侈还是节俭，都是无法逃避的。真正的幸福是找一个人坚定不移地走下去，而真正的不幸则是不知道该和谁一起走下去。

我们当中的大多数人，都没有惊世的美貌和才气，都是这社会中再普通不过的平凡人，结婚生子的对象也都是像我们一样的普通人。每个人都有优点和缺点，这才是我之所以是我的原因，对待另一半的包容理解往往也会成就我们自己的幸福。如果一开始的路是我们心甘情愿选择的，那即使是泪流满面，也不要轻易说放弃。

不要和别人比，自己快乐就好，干吗在意谁买了车、谁买了房。你锱铢必较的结果只是折腾自己的生活，到头来吃苦的还是自己。走自己的路，过自己的生活，不要去抱怨你的伴侣没有别人优秀，优秀从来都没有标准，你相信他足够优秀，终有一天他会证明他值得你信任。

我们最大的问题是明明所有的道路都是自己选择的，却还总是要错怪别人并充满怨怼。油瓶子倒了，只要油没有浪费，谁扶起来都是一样的；怕只怕油瓶子倒地，油咕咚咕咚地洒了一地，而两个人却依旧忙着指责彼此的不是，等到最后油没了，情也没了，心也痛了，变成两个陌生人，这是一种很不理智的行为。

要时刻提醒自己，即使泪流满面，也要正视自己的选择。

你就是无与伦比的美丽

01

其实生活一直都是同一个样，区别只在于你看待它的眼光。

有时候这眼光与心境有关——比如热恋中的人总是特别好说话，刚刚被甩的人则随时准备发飙。

但更多的时候，这眼光则取决于你对这个世界抱有的本能态度。

有这样一件很小的事。

我同两个朋友一起逛夜市，途中看到一家可以外带寿司的店，便想买份寿司尝尝。朋友A想要一份金枪鱼寿司，但她不喜欢每份寿司里都会放的火腿，想要换成泡菜。做寿司的小妹拒绝了她，理由是“只有泡菜寿司里才有泡菜，否则要加一块钱”。我们身上恰好找不出一块钱零钱，便劝她不要泡菜算了。

她有些失望地噘起嘴巴："可是真的很想吃一份泡菜换火腿的寿司啊……"

正在这时，店里面走出一位年长些的女性，那位做寿司的小妹叫她"老板娘"。老板娘对我们笑了一下，便对那个小妹说："我刚才都听到了，就给她们换成泡菜吧。"

当朋友A终于如愿以偿地吃到"泡菜换火腿"的寿司时，非常开心地对我们说："老板娘人真好，就因为怕顾客失望，还特地跑出来嘱咐。"

一旁的朋友B则不以为然地撇撇嘴巴："这有什么人好不人好的，生意人呗。还不是看我们人多，想着服务态度好点儿，说不准我们会一人买一份。"

这个话题就在她们的几句闲话中过去了，我却不自觉地陷入了思考。

两位朋友的不同反应，看起来仿佛都很平常，却最终决定了她们眼中的世界究竟是什么样。

假如你认为大多数人都是利己的，那么许多善良在你看来也不过是出于利益的权衡，许多你身上降临的幸运也不过是因为你被看到了利用的价值。

——这样的思维也许更"客观"，甚至在许多时候都是"正确"的，但我依然更愿意用另一种方式去看待这个世界。

——那就是，不去定义别人的出发点，也不去先入为主地把他人放在敌对的那一面。

获得温暖，便心怀感恩；遇见惊喜，就大大方方相信自己幸运。

在后来的生活中，我越来越明显地看到了A与B迥异的生活态度对她们造成的鲜明影响。

A总是很轻易便能觉得快乐，悲伤虽然也很明显，但从不会持续太久。即使遭遇男友劈腿，也是大哭一场后继续怀抱美好期待好好生活。

现在，她遇见了一个很爱她的男生，两个人过着平凡又幸福的小日子。

B虽然很优秀，许多事情都能做到很好，却少见有快乐模样。路上遇见她总是板着一张脸，还时常皱起眉头，使得许多人都以为她比实际年龄大得多。

她的男友曾经很浪漫，为她做过许多让我们都感动不已的事。但她的反应却总是平静到冰冷，渐渐那个男生也就没了热情。

也许在以后的生活中，B会获取比A更夺目的成功，会得到更好的物质条件与更高的社会地位。

可是那又怎么样呢？

假如你对于世界上的所有温暖都不懂得感恩，甚至不愿去相信，那么，是你自己拒绝了所有为你准备的快乐。

02

幸福很远吗？

不成熟的时候，我的答案总是：“是的，很远很远，几乎与我无关。”

那时候我总在看色调晦暗的书，写很多支离破碎的文字——渲染莫名其妙的悲伤，铺叙不知所云的消极。

我兴奋地看着那些华丽句子在我笔下舒展似锦缎，并坚信“孤独与痛苦才是一切灵感的来源”。

那时候，所谓不快乐，不过是为了显得自己“特别”而找的借口。似乎只要“像一位孤独的诗人”，便慢慢可以写出漂亮的诗。

直到长大一点儿才发现，文字是否能够通往心灵，与其中描述的是温暖还是孤独无关。

再怎样雕镂满眼的佳句，若是总在念叨莫须有的真情，很快便让人生厌，甚至只想将其丢到火里烧掉算了。

而那些平实而又素朴的句子，有时却因为一股汩汩流出的真诚，更容易让你醉心其中。

03

这个世界上有很多为你准备的幸福，无论你已经遇见，还是尚未发觉。

总会有那么些时刻、那么些人，会让你意识到自己是多么无可取代。

哪怕你还没有找到自己的梦想，没有遇到美好的爱情，没有拥有任何似乎可以让你变得更加“有存在感”的东西。

你依然不用惶恐，不用绝望，更不用自暴自弃。

因为我们原本就不需要这些，来证明自己的“特别”。

在这个宇宙里，每一个你都是特别的，正如属于你的每一个时刻都在独一无二、不可替代地发生着。所以你最不需要去担心的，就是“不够特别”这件事情。

每一个人，都会有绽放的灿烂，也会有安眠的沉寂。

重要的是，总会有人因为你的存在而真心地感谢这个世界。

对他们来说，你便是无与伦比的美丽。

04

每个人都必将经历伤害和痛苦，才能到达幸福彼岸。

整个宇宙并非为了你一个人而存在，所以即使再怎样努力，也总会遇见不尽如人意的失落。

挫折、悲伤、寂寞、失去——这些都是我们生命历程中绕不过去的小小弯路，横亘在成长必经的路上。

没有人可以教你忘记所有忧伤，因为我们从来不需要否认痛苦的真实。

但幸福的温暖，同孤独的冰凉一样，都是生命中不容否认的确切存在。它们在我们眼前交替上演，喜怒哀乐交织合奏，好让我们的生活不至于干涸如荒漠，也不至于泛滥如决堤。

假如静下心来想一想，你就会发现二者究竟有什么不同：

前者往往像一份礼物，一种世界给予你的美好恩赐；后者则是你必须完成的努力，是一段成长所必须经历的时光。

假如造物者也有喜怒哀乐，那么我相信，他一定很善良，而且喜欢微笑。所以他即便不能拿走那些你必须经历的苦难成长，也时刻记得把数不完的小小幸福打包好，放在你将要经过的路上。

生命中有太多值得我们珍存的事——

一片完美的银杏落叶，一本真诚而让你感到幸福的好书，一封温暖的信，一张旧照片，甚至一栋住着回忆的房子，一扇可以和爱人看见星斗的小窗，以及很多不想放下的人，不愿丢掉的记忆。

——但不要忘了，还有许多晶莹剔透的小幸福，像明亮的星星一样，不知疲倦地照亮着你眼前璀璨的夜空。

那也许是你身边太容易被你忽略却永远存在的四季风景，也许是你不知道的时候静静守护着你的温暖目光。

也许是小小饭厅里家人端出的美味佳肴，也许是你深爱并且深爱着你的那个人日复一日的深情凝望。

甚至也许，只是来自陌生人的一句话，一抹笑容，一点小小的关怀。

当有一天，你回首往日时光——

假如你想要对这个世界说些什么，希望你念念不忘的不是那些无法避免的不完美，而是一路走了这么远，始终有这么多奇迹般的温暖点缀。

它们透明又璀璨，它们微小而完美。

假如你还会热泪盈眶，希望是因为了解到了生命的幸福真相。

单身就狂欢，恋爱要勇敢

01

收到她寄来的信时，北方刚下完第一场雪。信中有一张她的近照，她在绿岛，坐在游艇上，身后绿水浮波。

那是一张高高举起手自拍的照片，她的脸美好如清晨的阳光，笑容也是岁月无痕般优雅。

可是，如此阳光的她却在信中失落地写道：“我多么希望有个人陪着我，给我拍照。”

她曾经是公认的“女神”，其实现在也是。时光对她过于宠爱，给她智慧，给她从容，给她优雅，给她韵味，唯独没有给她一个真命天子。

她二十七岁，没有情伤，没有暗恋，没有放不下的曾经，因为她至今仍未遇到过令她心动的人。而她也逃不过被八卦、被催婚，或是被逼相亲的经历，不过这对她来说尚是小事。

她一个人的日子过得并不坏，她交了一套房子的首付，用工资月供。她置办了一个古香古色的红木书架，在上面摆满自己喜欢的书。她学会了做寿司、做西点、做陶艺……活得充实而又优雅。

生活之外，在爱情方面，她却比任何人都烦恼，因为她总是处在“遇不到”和“不会爱”的困境中，绝望得像是一只困兽。

就这样又过了几个月，当她决定看看心理医生检查一下自己是不是得了“无爱症”的时候，她遇到了一个男人。

他大她五岁，因为在英国读博士而一直单身。当他在咖啡店很绅士地微笑着向她搭讪时，她发现自己二十多年来不曾萌动的春心终于开始复苏。

他们展开了一场甜蜜的恋爱，直到谈婚论嫁时，她忽然心虚地打起了退堂鼓。

她历数他们不合适的理由：

1. 他喜欢独处而她热爱交际，他不愿让她抛头露面，不愿和她一起参加各种聚会。

2. 他有些急性子却又敏感，比如下班路上堵车，或是老板今天说了什么有深意的话，都会让他无比烦躁。他常常会无意识地将自己的坏情绪传染给她，虽然事后他会道歉，但是她的好心情早就一去不复返。

3.他的亲戚们总是对她带着警惕又审视的目光，好像她试图拐走他家祖传三代的珍宝。

4.他希望结婚后她可以做全职太太，可是她还想打拼自己的事业。在恋爱阶段，他们就已经为了这事争吵过很多次，双方都不愿意妥协。

……

她有很多理由，可最重要的是，她发现自己爱任何人都不可能超过爱自己。她清晰地看到自己想要的自在和成就，其实与他毫无关联。

02

恋爱是一件辛苦的事，就像将原本坚固独立的世界硬生生地撕开，然后跟另一个人的世界像是搅拌鸡蛋一样被强行融合到一起。

你的世界草长莺飞，而他的世界疾风骤雨，你要去忍受；你的世界总是放着摇滚，而他的世界寂静如夜，你要调低自己的音量；你的世界是小资情调的高档住宅，他的世界是烟火气息的乡间小院，你要跟着他回归自然。

一个人过日子往往比两个人过日子更轻松，因为每个人管理自己的情绪要比兼顾其他人容易太多。如果两个人在一起不能比独自一人过得更好，又何苦要凑合。

爱情这头小兽，你要接受它、驯化它，需要无上的勇气和毅力，还需要强大的情商和宽广的胸怀。

爱情又像是一场赌博，你将自己的时间和精力无限制地押进去，却没有必胜的把握。赢得盆满钵溢的人总是喜气洋洋，吸引着犹豫的旁观者；而输光后悻然离去的人，又让旁观者望而却步。

愿赌服输是一种美德，想清楚再去选择是对自己的负责。

如果你不选，请再读一遍这个故事。每个自食其力的人在这个社会都可以过得很好，即使你是一个人。至于以后，那是个未知数，谁能保证结了婚就一定会比现在过得好？

如果你选，请你勇敢地接受那个人的好与坏，去谅解，去体会，去相信，并记住爱情的底线是愿赌服输。如果你不幸输掉了，也要尽量优雅地退场。

能够做出选择并且下定决心的人过得都不坏。最悲惨的则是那些左右摇摆的，单身的时候迫不及待地想要恋爱，恋爱的时候又频频回望自由的生活。

单身时不得潇洒，相爱时不能享受，才是最痛苦、最不值得的事情。这也是为什么总能听见一些单身的人在抱怨孤单，而当他们谈了恋爱、结了婚时又会抱怨不自由或是太累。

如果这时你恰好还在犹豫，不知道自己更喜欢两人的甜蜜还是独处的自由，那就不要为了迎合任何人而去改变自己，最后因为不被欣赏而耿耿于怀，将自己变成一个祥林嫂般的怨妇。不如尽情变成你喜欢的自己，其他的一切，爱情来时自会教你，否则学也没用。

愿你尽情享受单身的狂欢，愿你勇敢承受爱情的负担，相信你能懂。

放下过往，去更远的远方

01

十九岁那年，我与要好的女友一起造访了一座名气不大的古镇。那里最为人称道的，便是保存完好的古朴建筑群，令建筑专业的好友心向往之。

虽说是奔着古建筑去的，但事实上，我们心里都很清楚——这是一次逃离烦恼的治愈之旅。

我们翘掉了差不多一周的课程，来换取六天逍遥快活的小镇生活。

原因呢?

十九岁的姑娘，你懂的——失恋大过天。

刚一抵达，我们便对小镇的秀丽古典一见倾心。这里的亭台楼阁、一草一木，都焕发着自然的魅力，闪烁着灵动的气息，同平日见惯了的水泥森林有着天壤之别。

“快看！好漂亮的花。”好友兴奋地站在一株不知名的花树前唤我。

“这朵花好像很特别……”我指着其中一朵美到不可信的七瓣花。随着指尖的靠近，花瓣上的两片流丽霎时间盈盈飞起——刚才竟是两只蝴蝶停驻在了相对的花片之间。

诚然，与太多刻意迎合商业口味的古城相比，此处多少显得有些冷清。可这恰好满足了我们当下最想要的静谧。

在人迹罕至的小镇，怀想着每一座楼台的历史，周身缭绕着袭人的花香——这样完美的生活，谁还会想念现代都市？

入住提前联系好的客栈后，黄昏已至，每座房屋扬起的檐角上都挂着一片温暖的阳光。我们坐在客栈的后院，看着掌柜养的蝴蝶兰渐渐披上金色的流晖，恍若置身于“芳草斜阳外”的诗意空间。

很快，掌柜便为我们端上了香气扑鼻的美味佳肴。

由于小镇客流量稀少，旅游业不算发达，饭店也并不多见。所幸这家老板烧得一手好菜，又极为热心，只收取我们购买原料的一点点价钱。

“你们今天折腾过来也累了，就早点儿休息吧，反正住这么多天，慢慢逛。”胖胖的掌柜和气地笑道。

我们俩连连点头，连话都来不及说——路上奔波了一天，实在饿坏了。

02

“真想把老板拉去学校烧饭，那样我就愿意天天吃食堂的饭了。”是夜，我躺在床上，依然在回味美味的晚饭。

好友则趴在窗前，兴奋地看着一幢幢古色古香的楼阁。

“明天我们往东走，那一座，那一座，还有那一座——这三座就是明天的目标！”她的脸上洋溢着许久未见的神采。

“知道啦！早些睡吧，醒来再去看。”我翻了个身，在一天的疲惫中很快便进入了梦乡。

谁知第二天醒来，窗外竟不可置信地下起了大雨。

下楼时碰到掌柜，他将两把雨伞塞进我们手里：“好久没下过这么大的雨了，真不凑巧，你们今天还是早点儿回来吧。”

我与好友面面相觑。

“不就是大雨吗！我们是要进房子里看，又不是在大街上乱跑。”她很快便打起精神，拉着我昂首出门。

然而，计划中的那三栋建筑，门上竟然都挂着古朴而巨大的锁头，把我们彻底阻隔在外。

起初我们只是优雅地轻叩门环，指望门里会有人响应——

可直到两个女生都开始气急败坏地拍门大喊，还是没能听到任何回答。

在第三栋建筑门前，好友仿佛一下子陷入了颓丧。我急忙打电话给客栈老板询问缘由。

“这个……你们是要看古建筑啊？可是管理员估计回家了……雨太大了，大家就不愿意出门了……”在电话里，老板十分抱歉地解释着。

这个让人哭笑不得的理由，在这里却是再合理不过——一座少有游人的小镇，民风淳朴，居民也没有多少商业观念。天气好就出门，下大雨就在家里看电视，多惬意！

无奈之下，我们只好回到客栈。

在这座古朴小镇的正式旅途，就这样在一整天的大雨中拉开了帷幕。

“明天一定就晴了，到时我们一定去看。”

第二天，大雨。

好友明显有些难过，吃饭时都没怎么动筷子。

第三天，大雨。

看得出来，她已经不怎么想说话了。

第四天，起床，依旧是大雨。

她抓起雨伞，将我拉出门外：“我发誓，今天就算是翻墙，我也要进去看看。”

我不敢发表任何反对意见，只有心里默默祈祷今日管理员大发慈悲、冒雨来上班。

我们最终也没能翻过那面墙。

午饭时间已经到了，却没有人提出回客栈。

在第三栋古楼角落的屋檐下，我们靠着彼此静静地发呆。精心挑选的漂亮裙子已经被雨水打湿，裙摆软绵绵地拥抱着地面。

为什么会这样呢?

一场本该完美的旅途，却变成了一个个令人失望的雨天。

“我真的以为这趟旅行回去，我就会好起来。”过了很久，好友开口对我说。

“是啊。”我轻轻回应。

“他对我说，我不是他想要的。我说：‘可是你是我想要的呀。’你知道他对我说什么吗？”她的眼睛一直望着远方。

我摇了摇头。

03

一周前，她打电话给我：“我失恋啦。你想不想一起去旅行？”

彼时，我正沉浸在自己的烦恼之中。我并没有太多向人倾诉的欲望，我只想要暂时逃离。

所以我马上回答："好啊。"

这就是我们这场旅行的缘由。

或者失恋，或者失意。不诉悲伤，开心启程。

而现在，好不容易因旅行而鼓舞起来的欢欣似乎已经被连续四天的大雨彻底浇灭。

"他说：'……又不是你想要什么，就能有什么。'"她低头苦笑了一下，用手指拨弄了一下足踝上的脚链。

那上面拴着一枚精致的银质小鱼。我知道，那是她姓"于"的前男友送的。

"我说：'即使你不要我了，可不可以还是让我对你好，让我每天都能看到你？'"她继续拨弄着那枚小鱼，努力平静的声音里还是渐渐有了哭腔。

"是不是很傻？"她问。

我摇了摇头。

"他说：'我又不是高楼，随你观赏，随你打量，随你参观。'"

我沉默。

所以，她才要和我一起来看古楼啊！

可是就连古楼，都没能让她进入，让她观赏，让她打量。

一定很失望吧？

不知道过了多久，我们就那样静静坐着，沉默比话语更多。

在厚厚的雨帘后面，美丽的小镇仿佛距离我们有一光年那么远。

“嗨！”突然有一个活泼的女声打破了我们纷乱的思绪。

“难得看到旅人，你们坐在这里干吗？这么大的雨，不会有人来开门的啦。”

眼前的女生年龄似乎比我们大一些，她背着一个硕大沉重的相机，却开心得仿佛随时都能飞起来。

我们俩有些不好意思地站起身来向她问好。在这座空荡荡的小镇里，三个女生很快便打成一片。

原来她是一名摄影师，专门跑到这里来拍照。

“可是……雨这么大，怎么拍？”我忍不住问。

摄影师姑娘得意地晃了晃手中套着防水布和镜头罩的单反相机，说：“装备齐全，我可是专业的呢。”

在她的相机里，记录着一座完美的雨中小镇。

花朵上大颗晶莹的水滴，鲜绿柔滑的树叶，雨水在路面上折射出的光芒……甚至我们俩被沾湿的裙摆。

相片里的这座城，美若人间仙境。

我们仿佛从未见过，却又置身其间。

就在我们围着她的相机连连发出惊叹的时候，她大声地叫起来："快把相机给我！快看！"

我赶忙抬起头来。

在密布的乌云背后，渐渐渗出了一圈灿烂的阳光。那明亮的金色，将乌云的轮廓勾勒出来，宛若夺目的金边。

原本漫着浓雾般的天空，就这样被金丝似的光芒添上了奇迹般的光辉。

那原本细弱丝线的金边，随着我们的惊叹渐渐由窄变宽，越发灿烂的阳光穿透了云层，将久违的光芒洒向大地。

当天空重新被阳光占据的时候，我的心里也仿佛照进了一束光芒，渐渐觉得温热。

我开始明白，为何那一圈细致的金边竟焕发着令人惊叹的美——因为当你注视着它的时候，你可以看到乌云的形状，也可以感觉到它背后的阳光。

于是你便知道，这密布的阴云不会成为天空永恒的主角，而灿烂的光明，终究会如期而至。

两天后，我们回到了学校。

一个礼拜的潇洒过后，许许多多的杂事堆积成山。我们各自忙碌着，在熬夜赶论文的晚上给彼此打电话。

“多怀念那时候在小镇，每天能吃到美味的晚饭。”

“幸好最后两天放晴，否则你如今未必这样满意。”我笑道。

“要是真的一周都在下雨，我一定不信邪，要在那儿住下去——一直住到天晴才罢休。”她也笑道。

放晴的那天晚上，她将已成前任的恋人送的脚链取下来，绑在莲花灯上，顺着水流漂向远方。

我还记得那时她对我说：“谢谢你来陪我，幸好还有你这个好朋友。”

十八岁以后，我们并不时常说这样肉麻的话。

乌云蔽日的阴郁，自然让人感到无比压抑。

然而，当一切都变成了过去，停留在记忆深处的，却往往是光明乍现时，那一道灿烂夺目的金边。

重要的东西，往往迟来一步

01

我陪人相过两次亲，两次都是同一个人。

我坐在一旁无聊地吸果汁，看着她很从容地提问，很从容地作答，整个过程就如同在微信上新加了一个好友，要先看看照片，然后点开个人资料，年龄、爱好、职业、收入等一一了解，再决定要不要通过好友请求。对方如果摆严肃，你也要一板一眼；对方如果玩幽默，你就要知情知趣地陪着笑。你问为什么？“啊……因为这是礼节。”可是谈恋爱的两个人也要这么刻意死守礼节吗？我不太懂，不知道她怎么想。

我问起她为什么要相亲，她就说因为等得太烦了。虽然相信这世上始终有一个人会爱上她，并也同她一样像只无头苍蝇般地在寻找。“可是世界这么大，人生这么短，如果他找不到我怎么办？要我这么焦急地等一辈子？我等不下去了，也要做点儿什么才行。”“所以你就去相亲？”“也……未尝不可吧。”

如果你去问一个相亲的人为什么要相亲，可能会得到千百种答案，但究其根本，你不过是因为一颗心从满怀希望到失望，又从失望到希望，最后再也等不下去了。等不下去的原因有很多，比如社会舆论、父母亲朋的期待。我们需要一个人，让他站在身边，就好像成就了千千万万的意义。

可是世界上就是会有这么气人的事。有速度快的邮递员就有速度慢的邮递员，有早到的缘分就有迟来的缘分。你不能期待每件事情都在你需要时贴着加急标签飞奔而来。更何况，有些东西迟迟不来，可能是因为它太珍贵。

02

看《漫长的婚约》时，我一直奇怪，是一个什么样的男人让玛蒂尔达那么坚定地相信，那么耐心地等待。在那个年代，没有网络，甚至因为战争也不能通信。未婚夫是生是死根本就是个未知数，可她却从未怀疑过他的存在。在那样战火纷飞的年月里，她究竟是如何说服自己在无数次希望与失望里继续等待的呢？是用他们青梅竹马所一起度过的每个瞬间，钟楼顶端的“MMM”，玛蒂尔达的固执，还是世界上最好的耐心？

世界上最好的耐心，是无条件的等待。拥有这个耐心的前提，是你真的确定你所求为何。如果你真的觉得你人生的终极目标就是相夫教子，婚姻的标签被你贴在身上头等重要的位置，那么即使你等一分等一秒都可以称得上最好的耐心。但如若你追求一段属于你的爱情，不是掺杂了附加条件的爱情，那么，最好的耐心也可能是一生的等待。

03

我很敬佩的一位阿姨最近就要结婚了，她是位很传奇的女性，原因不在于她的经历，而恰恰在于她有世界上最好的耐心。她十九岁遇到了他，他是她的大学同班同学，也是她的初恋。她的爱情有个美好的开头，可是没能美好地进行下去，原因有很多，家庭因素，社会因素……后来两人分别，到不同的“广阔天地”去了，从此音信全无。不久知青返乡，人们都说她到了待嫁的年纪了，要赶快找个婆家才好，可是她心里却满满地只装有一个人。于是她索性跟家人说，我要等他来娶我。这一等就是二十年。不过有什么关系，她终究还是等到了。

我并非反对相亲，玛蒂尔达也并未在漫长的等待中坐以待毙，可一颗急切的心可能会让你在情急之下做出错误的决定。你要知道，追求速食，得到的就只有压缩的营养。如若想要留住最多的营养，就一定要有一份煲汤的耐心。

罐头是在1810年发明出来的，可是开罐器却在1858年才被发明出来。很奇怪吧，可是有时候就是这样，重要的东西会迟来一步，无论是爱情还是其他。

所以，总有些时候，为了换取那个做梦都想得到的东西，你需要拥有世界上最好的耐心。明白迟来一步的道理容易，拥有最好的耐心却很难。这或许就是为什么有那么多东西只能让人摇头感叹“可遇而不可求”了。

女神的背后，是多少辛苦沉默的光阴

01

每个人的圈子里似乎都会有一位让人羡慕的“大神”级人物。

他往往算不上多么用功，却总是可以将所有别人眼中的难题轻松攻克。在他的生命历程中，一切都顺风顺水，似乎从来没有遇到过任何挫折。

我便有这样一位要好的朋友——

她年轻、美丽、自信、有修养、极富绘画才华。从名牌中学到国内一流名牌大学，再到日本多摩美术大学留学归来，如今春风得意，事业风生水起，俨然精英才俊。

“女神的世界，离我们太遥远。”

这是朋友一般提起她时，最常见的评价。

连朋友都是如此认为，可想而知，她一路走下来，嫉妒者比羡慕者更多。

今年初夏，她难得休了几日假回家，打电话找我出去玩。

无奈我正患上了每年春夏之交几乎都会遭遇的重感冒，病恹恹地躺在床上，无法赴约。

于是女神来到我家中慰问。

“我生病了，灰头土脸的，你还打扮这么美专门到我家来刺激我，让我怎么康复？”我佯作悲愤状。

虽说是开玩笑，但坦白讲，每次看到她，确实都会在心里暗暗惊艳赞叹。

她笑着拉着我的手，撒娇道：“我错了，我今天来主要就是服务病号，伺候你午饭来的。”

我想了想，说：“楼下有家蛋炒饭还不错，可以打电话叫他们送上来。”

谁知她瞬间一脸惊恐，连连摆手。

我恍然大悟——也是啊，人家这样的女神，怎么能吃蛋炒饭呢？！

当下准备撑起病躯，陪她去高级饭店。

却听她说道：“在日本我连续吃了整整五个半月的蛋炒饭，从此听见这三个字就想吐。”

片刻沉默过后，我试探着问：“是因为蛋炒饭很好吃吗？”

她苦笑道："餐厅的剩饭再次利用，你觉得会有多好吃？"

我难以掩饰自己的惊讶："那你……"

她又恢复了那副优雅的姿态，轻轻将肩头的头发拨了一下，露出白皙的锁骨，坦白道："因为穷呀。在日本那两三年，穷到天天洗盘子。"

我感到自己仿佛在无意之中，看到了一个完美女神不为人知的另一面。

我试探着问她："怎么都没有听你提起过？"

她笑起来，说："这种事干吗要到处去讲？凭借自己的努力养活自己，到底是好事。过去的辛苦也就没必要提起了。"

是啊，虽然我们算是许多年的好友，依然会有些许不足为彼此道的辛酸。

总有那么些很辛苦的时刻，你渴望有真正的朋友在身边陪伴，可你却终究只是孤零零一个人；而等到一切苦难都平息，光明到来的时候，曾经那些无助的岁月似乎也就成了自己心里的独家纪念品，失去了向外人倾诉的冲动。

但虽说理解，我又实在忍不住内心的好奇："这也许会是一个好故事，可以写在我的下一本书里呀！"

在我的软磨硬泡下，她终于跟我提起了那段日本生活的另一面。

02

“就像我刚才说的——在日本，我曾经很穷很穷。如果要选取一个最典型的时间段来说，就是第一学年的暑假。两个月期间，我一直在一家寿司店打工，赚取一些维持生计的费用。

“你记得我们大学时，曾经去咖啡厅打工吧？坐在那里等着人来，把饮品单递过去，然后调制一杯咖啡。没有人的时候，就坐在椅子上听音乐。可是我在日本寿司店的打工可完全不是这么惬意。

“曾经连续三个礼拜，我每天工作超过十二个小时。你能够想象吗？走路都像是在飘。有一次我刷盘子，实在太困，蹲在地上不小心睡着了，盘子掉在地上摔碎了——然后被凶恶的妈妈桑扇了一耳光。

“在寿司店工作的时候，晚上打烊后，老板允许我们打工的学生把没有卖掉的米饭做蛋炒饭吃。我觉得很开心，因为这样又可以省下一些钱了……”

听到这里，我实在忍不住了，已经从惊愕转变为震撼，拉着她的手泪流满面。

她哭笑不得：“你怎么哭成这样呀！”

我问她：“那样辛苦，为什么还要念了一年又一年？”

据我所知，她在日本修了不止一个学位。

她很认真地回答我："当初选择去日本，就是因为想要让自己变得更好。所以无论多么辛苦，只要知道自己一直在前进，心里就会觉得是在走正确的路。在我看来，找到一条正确的路，让自己每天都有收获，是一件很难得又很重要的事情。"

我肃然起敬之余，又忍不住问她："可是，你每天就只是在寿司店洗盘子……我是说，这样已经很辛苦了。可是这样的一个暑假，对你来说，除了维持生计之外，还算是有收获的吗？"

她有些得意地再次轻轻甩了甩头发："谁说我每天只是在寿司店洗盘子的？"

"可是你说你每天都要工作十二个小时以上……"

"是的。每天工作十二个小时，另外还有每天在家里画画两到三小时。"

我惊讶得合不拢嘴。

顿了顿之后，我由衷地感叹道："真想看看，那个时候勇敢的你。"

她笑道："你不会想看的。那时候在寿司店工作实在太久了，每天回到家里，衣服上全都是洗洁精味……自己都觉得好邋遢。"

沉默片刻，她又说："你想知道那时候我真实的想法吗？我觉得很累，常常会忍不住在自己的小房间里哭……我每天都要画画，不只是因为我想要一直进步，更是因为我希望用画画来让自己记住，我不是来日本洗盘子的……我是来成为艺术家的啊！”

我无法想象她是如何用那双本该握着画笔的手，泡在冷水里洗了那么久、那么久的脏盘子。

但是我可以想象，她每天回到家里，用已经打工十二小时而酸痛无比的手重新握起她的画笔时，内心怀抱着怎样的虔诚与幸福。

我想起曾经看过她在日本期间完成的画作。

精致典雅，美不胜收。

那幅画中的某一部分，是否就是在寿司店打工之后完成的呢？

我仿佛可以嗅到洗洁精的淡淡味道，眼前渐渐勾勒出一个苍白憔悴的女孩瘦弱的身影。

即使双手终日都要用来触碰污浊。

那支珍贵的画笔，却也在每天掌中的摩挲中越发雪白。

03

有些人在自暴自弃的时候，有些人却在拼命坚持。

有些人在舒服的窝里吹着空调吃着西瓜看美剧，有些人却刚刚结束了十几个小时的打工在睡前赶着完成一幅画。

你觉得这两种人，谁更有资格获得幸福？

我们总是认为，很多人生来就比别人幸运太多。所以他们出落得越来越优秀，将普通人狠狠甩在后面也是一件“正常的事”。

可在你看不到的地方，那些“女神”“男神”一般的人物，不知道付出了多少默默努力的漫长光阴。

从来就没有一种优秀是“正常的事”。

正如从来就没有一个伟大的成功是不劳而获。

拼了命地努力，然后才能优秀得要命——这就是这个世界的游戏规则。

第四章

你有修养的样子，真的很迷人

修养，是一个人最美的妆容，它不会因岁月的流逝而褪色，反而会在时光的打磨中愈发熠熠生辉。

不揣测，是最高程度的爱与自尊

01

U小姐在屋外打电话的声音越来越大，从一开始的温言细语逐渐变成河东狮吼，最后以怒摔手机的一声巨响而告终。她气冲冲地走进屋子时，我们都自觉变成了空气，恨不得在她面前销声匿迹。

她大概是感觉到了屋里的气氛太沉重，抬起头勉强笑了一下，说："你们玩你们的，不用管我。"

看着众人面面相觑又不敢问出口的纠结表情，她语带哭腔地说："我要是跟H分手了，你们以后出去玩还叫我吗？"

此话一出，大家立刻炸开了锅，纷纷围拢过来，八卦地问道："不是吧，你要跟H分手？你确定没说梦话？"

她委屈地摇摇头："我就知道你们都向着他，你们都觉得他好，是我无理取闹，对吧。”

身后不知道是谁说了一句补刀的话：“有点儿……”

H先生是我们这个圈子里当之无愧的万能好人，还附带智能调节模式。而U小姐，则有着莫名其妙的坏脾气和变幻莫测的小心思，她任性起来，就如一把锋利的柳叶刀，让接触她的人遍体鳞伤。

“刚刚他给我打电话，让我明天跟他一起去爬山，我说肚子疼去不了，你们猜他说什么？他说‘我懂’！你们说说，一个大男人真的懂什么叫‘姨妈疼’吗？还真挚得像感同身受一样。”

围观的人一脸黑线，无语道：“就为这个？你也太小题大做了吧。”

U小姐急切地补充道：“不是啊，他每次都是这样说他懂他懂，可是实际上他什么都不知道，而我越是生气，他越是随意猜测我的想法和心情，真是好讨厌啊。他就不能说他不懂，然后认认真真地听我说话。”

有人又继续说：“可是他也没有说完‘我懂’就岔开话题不让你说话呀？”

“可是，他每次不懂装懂的时候，我都觉得接下来的话没办法说了。就拿今天为例吧，他如果什么都不说，我还能顺势撒个娇、卖个萌什么的，可是他一说懂，我就觉得接下来自己要说的全都是矫情和任性了。”U小姐终于说到了重点。

对于U小姐的遭遇，我是同情并理解的。

如果他沉默，你大可以倾诉自己的想法和感受，甚至是添油加醋地补充上一些小情绪也无伤大雅。可是如果他硬要说懂，便只剩下事实可以交流，任何的感受和心情都会显得片面、夸张和不合时宜。

好像谁没悲伤过，好像谁没有肚子疼过？外人看来的体贴、温柔和疼爱，在当事人眼中却是一句“你可以闭嘴了”或是“别不懂装懂”。

我想起之前看的《摩登家庭》里面有一句台词：“什么都不要说，我只想自己去感受。”

或许与U小姐的心情有异曲同工之妙。

不知道这些常常说“我懂，我明白”的人，在他们想要倾诉的时候会期待怎样的回答。

02

另外一个故事，发生在我参加工作的第一年。当时公司组建了一个四人团队的项目组，负责跟某供应商洽谈新产品的降价幅度。项目组有两位资深的老前辈和包括我在内的两个新人，为了和大洋彼岸的加拿大供应商实时沟通，又请了一位身在美国的同事进行远程协助，名曰配合。

那段时间，我们每天都花大量时间研究同类产品的价格趋势，一边忙得焦头烂额一边雄心壮志地拟定目标。最资深的前辈自信满满，认为将降价幅度控制在30%不成问题，还跟我们旁征博引，听上去有理有据。

而一天早上，当我们收到美国那位同事简明扼要的邮件“价格比率谈好了，8%”时，我们瞬间炸锅了，急忙拨电话过去质问，人家也只是淡淡地回复一句“这是对方能够接受的最合理的价格比率”。

一位资深前辈无比鄙视地咆哮：“这什么人啊，到底懂不懂谈判和协商啊，自己一个人就敲定了，连跟我们商量一下都不肯，而且只有8%。这家伙肯定没做任何功课，只凭直觉就答应了，脑子进水了吧，简直就是来拆自己人台子的。”

“是不是有什么内幕？他不会是中饱私囊了吧？”

“这么无能的人是怎么混进来的，是靠关系吧？”

我们纷纷附和，并给这位美国同事取了个外号，叫“进水先生”。

“进水先生”几个月后来到中国，临时的座位正巧跟我们排在一起。我们怀揣着对他的深切鄙视，完全没有顾及他语言不通，依旧讲着中文。他带着那种礼貌而又尴尬的笑容在旁边站了一会儿，发现我们丝毫没有切换英语跟他聊天的意向，有些无奈地耸耸肩，转身回到座位上埋头干活。

我们与“进水先生”再也没有了交集。

直到又过了一年左右，我们去参加谈判技巧培训，正巧遇到当时的供应商代表，他笑着说：“你们公司真贪心，有一个约翰还不够，还想让你们都变得跟他一样厉害吗？”

他口中的约翰，就是我们口中的“进水先生”。

“我们的产品原本没有降价余地的，这种加工件做起来产能太低，报废率又太高，折合下来成本比原材料的价格近乎要高三倍。约翰在我们的工厂待了两周，帮助我们重置了产线，让我们的产能得到优化，我们才提供给你们8%的折扣。不过我们很感激他，他对我们提高产能的帮助远远大于8%。”这位代表自顾自地说着，以为我们可以将他的赞美转给约翰听。

而我和老前辈已然面面相觑，只觉得惭愧和无地自容。

我想起约翰无奈地耸耸肩转身走开的样子，终于明白了一个道理：有很多事情并非表面所呈现的样子，你以为你以为的就是你以为的吗？

03

我们对别人的评判和议论，有几分是根据全盘事实而不是以我们的直观感受和恶意揣度为出发点的?

根据自己的揣测对他人做判断，且不说是对他人的怠慢和失礼，单是这种自以为是的态度，就足以让自己陷入可笑而又尴尬的境地。就像一个扇在脸上的耳光，你疼完了才发现，居然是自己的手打的。

最可笑的是，你总会滔滔不绝地议论半天，生怕旁观的人不知道你跟当事人有多不一样。

人家矫情任性，而你包容大度心胸宽广。

人家腹黑毒舌，而你体贴温柔心地善良。

人家懦弱无能，而你坚强勇敢威震八方。

然而，你明明只是凭借着一腔自大和无知对别人妄加揣测，却以为是在伸张正义。以己度人，简直滑天下之大稽!

我们每个人在这个世界中，都既是看客又是演员。拥有作为看客的觉悟是一种可贵的能力，承认自己不知道或是不知情，接受意料之外的可能和结果，才是明智之举。

尽量不揣测别人，原本就是对自己最高程度的尊重。

你的脾气，暴露了你的教养

01

记得之前单位里有个女同事，脾气极端暴躁。因控制不住自己的情绪，她经常与别的同事发生冲突，所以人缘非常糟糕。

对于自己的脾气，她从来都是直言不讳：“我就是个直性子，说话不喜欢拐弯抹角。”

有一次，老板在开会时训斥了她几句，她就当着在场所有同事的面跟老板争吵了起来。没多久，她就被劝退了。

在日常生活中，她经常在朋友圈里发一些非常负能量的东西：与婆婆闹矛盾了，一口一句脏话地咒骂着；因为一两块钱与早餐店的老板吵得不可开交，扬言要让对方好看；早高峰挤地铁时，被拥挤的人群挤到，也会与别人争吵半天……在她的生活里，好像没有一天是过得顺心的。

再后来，我索性将她的朋友圈屏蔽了。我觉得，一个连情绪都控制不好的人，就等于给自己贴上了一个不体面的标签。

02

我上周末参加一个自媒体培训课程时，碰到了许久未见的同行小清。在休息时间，我们聊了些生活上的事情。

小清说她丈夫的脾气很差，让她难以忍受。小清的丈夫经常因为一些鸡毛蒜皮的小事冲她大发脾气，甚至还喜欢乱摔东西。

每次夫妻俩吵架，都能惊动一整栋楼，居委会的大妈曾多次上门调解。

小清甚至好几次被气得打包行李回了娘家。可是没过几天，丈夫又会找上门来，可怜巴巴地恳求和好。

丈夫每次都会主动认错，表明是自己做得不好。他说他控制不住自己，所以才会说一些很难听的话来伤害小清，可是话一出口就后悔了。他向小清保证以后会克制，一定不会再犯相同的错误了。

看着丈夫主动认错的样子，小清又会心软下来，然后跟着丈夫回家去了。

可是没过多久，同样的情况再次上演。

小清说，其实丈夫本质并不坏，只是不善于控制自己的情绪，以致家庭纷争不断，这让她很是苦恼。

03

在我们身边，从来不乏脾气火暴的人。

他们的情商几乎为负数，外人的一句话或一个举动，都能让他们火冒三丈。无论最终是输是赢，他们都会淋漓尽致地向别人展示自己的“教养”。

正是因为他们控制不了自己的情绪，所以在生活中绕了不少弯路。逞能斗气不但解决不了问题，反而还会加剧事态的严重性。

有一次，我和朋友去手机营业厅办理业务，一个男用户怀疑自己无故被扣除了一大笔流量费，和营业人员起了争执。

后来，店长出来试图打圆场，也被男用户用各种侮辱性的言语谩骂了半个多小时。店长并没有还嘴，而是等用户的气渐渐消了以后，才耐着性子跟他解释了账单上的问题。

店长处理事情时镇定自若的态度，让在场的人无一不佩服他的定力和修养，我也默默佩服。

反观男用户，在弄清楚自己被多扣除的流量费用，是由于自己疏忽所导致时，面露羞色。最后，在众目睽睽之下，他灰溜溜地走了。

当时一旁的朋友就跟我说，没想到这个店长还真能忍啊，被骂成这样居然还面不改色的，如果换了是他，早就顶回去了，哪怕是丢了这份工作。

生活中，那些把情绪处理得当的人，往往更容易得到他人的信任和尊重。

04

史书记载，大将军韩信年轻时曾受过“胯下之辱”。

有一天，一个屠户对韩信说：“你虽然长得高大，喜欢佩带刀剑，其实是个胆小鬼。你要是不怕死，就拿剑刺我；如果怕死，就从我的胯下爬过去。”

韩信仔细地打量了他一番，低下身去，趴在地上，从他的胯下爬了过去。满街的人都嘲笑韩信，认为他胆小。

后来，韩信做了将军，跟人讲起昔日的“胯下之辱”：“当时我并不是怕他，而是没有道理杀他，如果杀了他，也就不会有今天的我了。”

如果当时的韩信头脑发热，按捺不住自己的情绪，意气用事，将对方杀死，等待他的恐怕将是一辈子的牢狱之灾，日后历史上的一代名将就更无从提起了。

能不能控制自己的情绪，守住分寸，体现的是一个人的品性与心理素质。

在日常生活中，我们很多时候都习惯通过“情绪”与人进行沟通，所以说话时注意拿捏尺度，不使用过激的言语伤害他人尤为重要。

能够克制自己的言行，包容他人，是为人处世中一种必要的能力。不要忘了，你在善待他人的同时，也在为自己赢得尊重。

凡事有交代，是一个人最好的品格

01

团队里有个同事L小姐，是一个做事特别没谱的人。

每次接手布置下来的工作时，L小姐只管闷头苦干，工作进度也从来不会主动汇报，经常需要领导一再催问，才会告知他们情况，给领导们留下了非常负面的印象。

领导最常对L小姐说起的一句话就是："交代给你的工作办没办成，就不能回个话吗？"她还特别委屈："我只要把手头上的活儿完成不就行了，反不反馈没有那么重要吧。"

对于上级交代的事务，有没有能力办好，在多长的时间内可以完成，都应该给出一个明确的答复。即便中途遇到了摆不平的困难，也应该及时向上级反馈，这才是一个人对工作负责的表现。

领导们认为，抛开能力不说，L小姐的这种工作方式极大地增加了沟通成本。就因为她在工作上欠缺主动性，所以一直没有得到提拔。几年过去了，同期入职的同事都升了职，而L小姐依然是公司里那个不起眼的小职员。

02

之前在纸媒工作的时候，每个月都会例行向专栏作者催收最新一期杂志的稿件。有一次，在发刊之前，还差最后一篇稿子迟迟没有收到。

编辑部的同事打电话向作者催稿子，作者回复说，再给他两天的时间。

当时整本杂志的内容都完成得差不多了，为了等那篇稿子，我们整个团队的工作陷入了停滞状态。

两天过去了，作者依然没有半点儿消息。

再联系时，却发现作者的手机已关机，发过去的信息也是石沉大海。事后，他也没有给出任何的解释说明。

眼看着截稿日期一拖再拖，主编终于忍不住怒火，拍桌子说道：“从这一期开始，把这个作者的专栏撤下，往后杂志社不再采纳他的任何稿件！”

在这个时代，契约精神实在太重要了。在指定的时间内履行约定，是对他人的一种负责。如果真的遇上特殊情况，一定要及时向他人说明原因，把对彼此的影响降到最低，相信任何人都会给予足够的理解。如果因为自己没有及时完成，消耗了别人的时间成本，不但会透支对方的信任，影响到后续合作，还会暴露自己极为糟糕的人品。

03

战国时期，魏国国君魏文侯与掌管山泽田猎的虞人约好时间，要一起去打猎。这一天，魏文侯在家里饮酒饮得很高兴，天又下起了大雨，但魏文侯突然想起了打猎的事，于是马上收拾东西准备出发。

他身边的亲信说："雨下得这么大，您准备到哪里去呢？"

魏文侯说："我已与人约好一同去打猎，虽然饮酒非常高兴，但怎么可以不遵守约定的时间呢？"

于是，他亲自到虞人那里，跟他说明情况，取消了这次打猎活动。

正所谓"大事见能力，小事见人品"。

纵观古往今来，那些履行承诺的人，往往更能赢得他人的好感和信任，任何团体和个人都愿意欣赏和接纳具备这种品质的人才。

事事守约，体现的是一个人内心的责任感，也是对他人最起码的理解和尊重。

04

我的朋友小林，就是一个在生活中非常靠谱的人。有一次，我和小林在餐厅里吃饭，一个客户打来电话找他聊合作方面的事情。聊着聊着，小林的手机突然显示电量不足。于是，他马上跟客户说，如果待会儿没回音了，千万别着急。

即使当时我们正在用餐，小林也是第一时间离开餐桌，一路小跑着去找充电站给手机充电。他不希望客户在另一端焦急地等待，因为那无疑是在浪费别人的时间。

和小林打过交道的客户无一不夸赞他可靠实在，做事稳妥，都说跟他合作感觉特别愉快。

据我观察，小林还有一个好习惯——他会很认真地对待别人发来的每一条信息。哪怕有时候手头上有事情在忙，收到的信息没来得及回复，他也会把那条信息设置成未读状态。等时间空闲了，再打字回复过去，给他人一种实实在在的尊重。

这个社会从来不缺聪明人，也从不缺能力优秀者，缺的是那种可靠而又有担当的人。

生活中也遇到过不少这样的朋友，有时候正在用手机和他们聊着一件事情，屏幕那端突然就没了反应，着实让人有一种不受重视的感觉。

说话做事没着没落的人，往往很难经得起时间的考验。与他们相处共事久了，难免会一次又一次地感到失望和焦灼。以后若是再有什么重要事情，也不敢放心地托付给他们了。

做事有交代，是一个人最基本的道德准则，如今却变成了一种奢求。

一个心智成熟的人，一定会站在对方的角度去思考问题。他们有着强烈的责任感，做起事来也会有始有终。这种推己及人的思维习惯，决定了他们人生的高度。

一个人待人处事的方式，反映了他最真实的人品。那些真诚靠谱的人，往往运气都不会太差。

不要随便评论别人的朋友圈

01

有一次，我和几个相熟的朋友出海游玩。

那天，阳光正好，海风轻拂，S小姐让同行的摄影师朋友帮她在海滩上拍了一组洋溢着浓浓艺术气息的照片。随后，她细心挑选出几张，加了滤镜，整合成九宫格发到了朋友圈里。

原本只是想记录美好的生活，没想到在回程的路上，S小姐被朋友圈里一个同事的评论气坏了。

我把头凑上前去，只见S小姐的朋友圈动态底下有这么一条评论：只不过是去了一趟海边而已，有必要在朋友圈里刷屏吗？你真的好装。

S小姐和这位同事在微信上有不少共同好友，他们大概都看到了这条扎眼的评论，真不知道此刻的他们会怎么想。本来只是一条再正常不过的日常动态，却被人跳出来无端地指责了一番，想必谁的心里也不会好受。

S小姐越想越气，一怒之下把动态都删了，然后郁郁寡欢地坐在角落里，一言不发，随后便拿起手机，将那个同事从自己微信里删除了。

02

朋友圈是现实的缩影。我们会在这里真实地记录生活的点滴，分享自己的心情，却总会收到一些不怀好意的回复。发朋友圈是一种随性的事情，然而在某些人的眼里，却成了一种罪过。

有人在朋友圈里深夜晒美食，却总被吐槽菜色卖相难看，拍照技术不佳；上传了一张跑步记录截图，却被人奚落跑这么点儿步数还好意思晒出来；发了张用美图软件美白过的照片，有人在底下嘲讽修得太夸张；心血来潮地分享了一段鸡汤文字，却被人指责瞎矫情。

卑劣和无礼往往会被包装成玩笑的形式，在他人毫无防备的时候迸发出来，把对方损得无言以对、颜面尽失。

在这种不友好的声音面前，很多人都会顾虑重重，不敢随意在朋友圈发布动态，以免招致不必要的伤害。

其实，若是你不想看一个人的朋友圈，大可将其屏蔽，眼不见为净，没必要在别人的动态底下说那些尖酸刻薄的话。

不刻意讨好，不有意发难，彼此相互尊重，这才是朋友圈里正确的评论方式。

03

前阵子刷朋友圈的时候，看到朋友H发了条动态，另外一个共同好友随即在评论区揶揄了他两句。大概是评论内容激怒了朋友H，他噼里啪啦地反呛了回去。两人在评论区里展开骂战，满屏的评论翻了好久才见底。

两人穷尽所有言语，粗俗且极具杀伤力，势必要让对方屈从于自己。一方觉得我发朋友圈碍着你什么事，不爱看大可屏蔽；另一方则指责对方过于“玻璃心”，区区一点儿玩笑都开不起。

有一句话是这么说的：成年人最大的自律，就是克制自己去纠正别人的欲望。

现实生活中，受到面子的约束，我们在与别人交往时或多或少都会规范自己的言行。可在社交平台上，一些人就会瞬间撕去伪装，化身“键盘侠”，肆意发泄自己的情绪。人性的卑劣尽情释放，怨气就是这样在朋友圈里肆意传播的。

在社交网络上，我们更应该言行谨慎。要知道，你不经意的一句差评，可能会引起对方的胡乱猜测，成为双方关系恶化的导火索。

04

美国歌手泰勒·斯威夫特曾经说过："我们不需要让所有人观点一致，但我们必须尊重别人，当你见到别人散布仇恨时，大胆地站出来，告诉他们仇恨会浪费你的生命，相信自己能让他们睁开眼睛，审视反省。"

朋友圈是用来展示私人生活和抒发心绪的，而不该沦为散播消极情绪的阵地。某些人习惯随意评判他人，遭到指责以后，还反过来埋怨对方"玻璃心"、情商低，压根儿没意识到自己不当的言语对别人造成了伤害。

毕竟，我发朋友圈不是为了刻意吸引谁，也没有要讨好任何人的意思，纯粹只是为了取悦自己而已。

对于那些不理解你的人，解释再多也是徒劳无益，倒不如一键屏蔽之，让自己耳根清净。

请别再给我发无效沟通的消息了

01

周末同一个女性朋友喝下午茶，她反复地拿起手机解锁，然后又黯然锁屏，一副心不在焉的样子。

我关切地问她怎么了，她说刚给一个朋友发了“在吗”，却迟迟没有等到对方的回应。

我笑了，还以为多大的事儿呢。如果换了是我收到这么没头没脑的俩字，我可能也会不知该怎么回复。

她问我为什么。

我给她分析，对于那种还不大熟的朋友来说，收到这样的信息，肯定会有一定的心理压力。他们会觉得你有重要的事情求自己，却又拿捏不准到底能不能帮助你，拒绝的话又不知以何种方式表达比较适合，所以，在你还没有表明来意之前，不随意搭腔也是很正常的。

听过我的一番话后，她好似醍醐灌顶，又发了一条信息过去跟对方说清了来意，对方果真很快就回复了。

所以，请不要再给我发送诸如“在吗”“忙吗”这类试探性信息了，我在不在和忙不忙，完全取决于你接下来要跟我说的事情啊！

02

我有个朋友默默，近段时间来一直魂不守舍的。

他喜欢一个女孩，好不容易在一次朋友聚会上要到了她的微信。每次他想在微信上和对方打招呼时，心里总会有些忐忑不安。他一方面想和对方有进一步的交流，另一方面又怕自己发过去的信息打扰了对方。

他经常翻女孩的朋友圈和微博，关注她的一举一动，分析她的兴趣喜好，胸中有千言万语，往往是写了又删，删了又写，最后只留下一句“在吗”。

很多人将“在吗”“在干吗”“哈哈哈，吃了吗”这些话理解为“我想你、我想你、我想你”。

他好几次鼓起勇气约这个女孩，见女孩在微信上没有任何回应，心里便又打起了退堂鼓。

他躺在床上辗转反侧，每隔几分钟就看一眼手机屏幕，丢了魂儿一样。对女孩的思念之情不停地涌上心头，却又无处诉说。

东野圭吾在他的作品中这样描述单恋：“明知没意义，却无法不执着的事物——谁都有这样的存在。”

当默默向我说起这件事的时候，我把他痛骂了一顿。

在女生眼里，你若是频频发“在吗”而又不表明来意的信息，很容易给对方造成一种“他是不是寂寞了才来找我”的感受。这时的她，完全有理由不予回应。

喜欢一个人，就不要小心翼翼地试探对方，而是用最直接的方式去传达你的心意。作为一个男人，如果连这点儿主动和勇气都没有，那我劝你还是继续单着比较合适。

03

如今，每当我收到那些不大熟悉的朋友发来的诸如“在吗”“忙吗”之类的消息时，我都会第一时间进入戒备状态。就这样简简单单的两个字，会给我增加不少压力。

“他是不是想找我借钱？”

“是向我推销业务吧？”

“闲着无聊想找我聊天？”

有时候拖着拖着，往往就忘了回复，还给对方一副“我很忙，没空理会你”的高冷架势。

你向对方抛出一句“在吗”，对方猜不透你葫芦里装的是什么药，不敢随便接下话茬儿，索性就噤声了，哪怕你下一句接的是“请你喝酒吃饭有空吗？哈哈哈”这种绝好福利的话。

我觉得在社交软件上的沟通，其实真的不需要太多的客套和铺垫，省掉那些你来我往的寒暄环节，直奔主题，把话直截了当地挑明即可，大家沟通起来也会更加便捷顺畅。

在这个快节奏的时代，每个人都很忙，没必要让人费尽心思去揣测信息背后的深意，既影响了沟通效率，还耽误了彼此的时间。

聪明的人，都是那些最不愿意浪费时间的人。他们非常清楚只有予人方便，自己才也能方便。

当有人在社交软件上不断地确认你在不在，却又丝毫不提及实质内容的时候，你大可以丢给他一句：“有事启奏，无事退朝。”

和靠谱的人在一起有多重要

01

和一个文创企业的朋友阿德聊天，谈到最近公司的招聘时，阿德频频叹气，对我说：“如今要找几个靠谱的人共事，实在是太不容易了！”

这几年来，阿德面试过不少人。很多人在面试的时候把自己说得相当厉害，简历也是写得滴水不漏，可一旦办起事来，总是半路掉链子，能力水平一下子就能见分晓。

公司最近招了一个1995年出生的实习生。小姑娘学历高，人长得也不错，可做起事来丢三落四的。上周，她疏忽大意将合同上的金额打错了，幸亏发现及时，要不然真会给公司造成难以估量的经济损失。

阿德说，现在他在面试新员工的时候，再也不会把简历放在首位了，而是更加注重对方的人品和职业素养。

02

之前和晴子聊天，她说，当初之所以会喜欢上现在的男朋友，是因为他会说一大堆的贴心话来哄自己开心。

比如：

“听说《爱乐之城》这部电影的口碑不错，周末咱们去看吧。”

“公司楼下新开了家日料店，有空带你去吃。”

“改天送你一套彩妆盒吧。”

“等我们结婚了，一定要去马尔代夫度蜜月。”

作为女生，听了这些话自然满怀欣喜，觉得自己有幸找了个真心爱我的人，能处处关心我。

可事实是，这些承诺往往拖到最后都没了下文。随着希望一次又一次地落空，晴子越来越失望，后来她不禁开始质疑男友对自己的感情是否真挚。

晴子说，男友在外面从来不会避嫌，有好几次甚至当着她的面和别的女生有亲密举动。每次问他时，他都会大言不惭地说，只是单纯的朋友关系，是她想太多了。晴子还说，在男友身上她从来没有体会过安全感。

身边的朋友常对晴子说："你男朋友言行轻浮，给人感觉特别没谱儿，谈恋爱还好，不适合托付终身。"

后来，晴子的男友和别的女生暧昧到了"移情别恋"的程度，晴子一气之下与他分手了。分手后，晴子满心后悔，当初不该被男友的花言巧语蒙蔽了心智，也是这时她才发现男友的承诺一个也没有兑现过。

没多久，晴子认识了一个男人，比她大五岁，是某企业的运营总监。这个男人并不会对晴子许什么山盟海誓，但他性格稳重，总能给予晴子无微不至的照顾，晴子的事情大都被他安排得井井有条，从来不会让她感到费心。

晴子内心隐隐觉得，这才是值得自己托付终身的人。

找一个可以信赖的恋人，你才不会患得患失，而会放心地把自己的一生完完整整地交给对方，与他谈一场舒服而没有顾虑的恋爱。

03

所谓靠谱，就是凡事有交代，件件有着落，事事有回音。

记得去年负责一场活动，布置会场的时候发现活动幕布上的文字印刷有误，经询问才得知，是一个同事疏忽大意所致。那场活动意义重大，公司对此相当重视，开会时反复强调，绝不能在任何环节上出纰漏。

眼看活动迫在眉睫，我硬着头皮给一个有过业务往来的朋友打电话说明了情况。对方对我说先别慌，随后，他找了一个印刷厂的朋友帮我们制作了加急件，并且在活动前一小时亲自开车过来把幕布送到了我手里。他的热心相助，解决了我的燃眉之急，活动最终顺利举行。

如今，虽然我们没有什么业务上的往来，但还是会经常一起喝茶聊天，保持着亲密友好的关系。

我们此生遇见的人这么多，那些对我们真诚且值得信赖的人会像一盏明灯，照亮我们脚下的路，让我们始终难以忘怀。

04

我特别欣赏身边那些品行高尚的朋友和工作伙伴。他们以诚待人，做事实在，甚至不惜自己吃点儿亏，也会设身处地为对方着想。跟他们相处和共事时，你会觉得特别顺心和愉快。

靠谱的人就像我们的生命之光。你不必担心因为他们的假仁假义、斤斤计较，而消耗自己大量的时间和精力成本。正是因为他们做事让人放心，所以才换来了别人的信赖和尊重。

对于生活中那些满嘴空话的人，我总是会本能地避而远之。他们所有的承诺和目标都仅仅停留在话语上，从来不会落实到行动上。跟他们交往时，我总是难以分辨他们所说的话是否属实，深度的合作与交流更是无从谈起。

每个人的信任额度都是有限的，一旦被透支和浪费，便会落得个众叛亲离的下场。

为人处世，是否能够做到让别人信任和放心，实实在在地取决于我们的品行。一个人靠不靠谱，决定了他能否收获人心，能得到多少机会，甚至会影响他一生的成败。

靠谱是一个人身上最重要的品质，愿你我都能拥有。

无从理解别人，就只能狭隘地活着

01

表妹愤而辞职了，原因是她和某同事合不来。她说那个同事不仅在背后说她坏话，还总想在领导面前陷害她。

我问她："为何有此想法？有证据吗？"她愤愤不平地说道："她看我的眼神就不对劲。很多时候，她们说得正热闹，但是我一去，她们就不说了。你说，如果不是在说我，还能说谁？肯定是在背后议论我！小人！"

我不知该如何劝解，据我所知，这份工作她刚干了半年多。记得她的上一份工作是在民办幼儿园当幼师。单位提供住宿，她和一些外地的同事一起住。很快，她就感觉到别人对她的不友好。她总跟我说这样的话，谁在背后说她坏话啦，谁在搞小团体排挤她啦，谁看不起她啦，等等。

我好奇地问她："你怎么知道的？"她自信地说："我感觉到的呀，我第六感超准的。"去年年底，她也是愤而辞职。因为她觉得自己与他们"道不同不相为谋"，绝对不能再跟他们在一起工作了，否则自己"最后怎么死的都不知道"。

表妹今年三十五岁，北漂，学历不高，未婚，工作换了无数，每份工作平均只能干半年，唯一的优点是肯吃苦。

我曾给她介绍过对象，她要么说人家瞧不起她，要么说人家对她有歪心思，反正，从来都是别人的问题，都是她"用第六感感觉到的"。而生活中的她几乎没什么朋友，她说朋友根本没用，交朋友成本太高。所以，她的圈子很小，总是活在自己的幻想世界里。

她跟我发泄完她所有的愤懑之后，我脑海里猛然出现一句话：如果无从理解别人，那就只能狭隘地活着。

02

上大学时，我们宿舍住了七个人。隔壁宿舍有个女生叫阿潘，说跟同宿舍的人合不来，就常常到我们宿舍来玩儿，跟我们宿舍的每个人都玩儿得很好。从阿潘口中听到的，都是她舍友们的各种缺点，比如A有洁癖，B自私自利，C性格太倔，D为人冷漠，等等。总之，在她眼里，她们宿舍每个人都有一个让人无法忍受的缺点，所以，她才来我们宿舍玩儿。

来的次数多了，大家都跟她慢慢熟悉起来。其中，我跟她最要好。

等大三换宿舍时，阿潘就申请换到了我们宿舍，睡在我的下铺。

但很快，不知道为什么，她就跟宿舍里的人闹起了别扭，一会儿嫌我们太吵，一会儿又莫名其妙不理人。每次一回到宿舍，她就钻到自己的床上，拉上帘子，谁也不理。

后来，她又莫名其妙地跟我闹僵了。再后来，阿潘越来越不爱说话，跟同宿舍的所有人都闹掰了。

有一次，我们几个外出就餐时，遇到了她原来宿舍的同学，跟她们说起这些事情，请教到底该怎么办。

她们笑我们太认真："阿潘就是那样的脾气。她从来不会为别人考虑，永远只站在自己的角度想问题。前几年，她的身边简直是'寸草不生'，没人愿意与她亲近。"

直到毕业，阿潘也没有跟我们和解。我们创造了好几次和解的机会，但都未果。后来，也只好作罢。

毕业多年后，听一些校友说起阿潘，她仍旧一副高不可攀的样子，孤僻、独来独往，从不愿融入人群。

03

邻居家有个哥哥，是个极其愤世嫉俗的人。他从小就很叛逆，常跟同学打架，跟老师顶嘴，父母没少为他赔不是。

他高中没毕业就学别人去创业了。他先是跟别人学卖衣服，但是价钱卖低了他心疼，价钱卖高了又卖不出去，不是跟顾客吵架，就是跟同伴拌嘴，最后，还跟市场的管理人员打了起来，被人家赶了出来。

后来，父母托人给他找了份工作。但进了单位之后，他还是个性奇特，说话过于直接，惹得很多同事不高兴。最后，领导找了个理由，让他回家了。

到了该结婚的年纪，有人给他介绍对象。他横挑鼻子竖挑眼，这也不满意，那也不满意，好不容易，看上了一个对眼的。结果，两个人结婚不到两年，就因为各种矛盾而大打出手，最后以离婚告终。

我现在回老家，还经常见到他坐在巷口，冷眼看着大家。听母亲说，他真的成了孤家寡人，现在没人愿意理他。

04

世界是关联的，谁都离不开谁。我们生活在一个大环境里，每个人都要仰仗别人的关照，只有融入集体，才能从容地过好此生。你可以特立独行，才华横溢，但是，要善于与人相处，有良好的人际关系。

在家庭里，要跟家人互相理解，因为如果经常“后院起火”，你的事业注定会受到影响；在一段感情里，必须互相包容，才能一直走下去；在工作中，必须有团队意识和合作精神，才能干成大事；在社会上，必须与人为善，才能和谐共处。

没有良好的人际关系，你的人生注定会充满坎坷，没有合作精神，无法理解别人，你就只能囿于狭小的自我世界。除了父母，没有人有责任包容你；除了你自己，没有人能拯救你。

世界是大家的，需要我们一起去努力。

第五章

经历过依赖的痛，再走向独立的美

不要让别人成为你的偶像，而是要让自己成为别人的偶像。不怕在自己的梦想里跌倒，只怕在别人的轨迹中迷路。任何时候都别忘了，借鉴只是方法，而独创才是目的。

真正的成熟就是不再羡慕别人的人生

01

“流光容易把人抛，红了樱桃，绿了芭蕉”，眼看着又一轮的“黑色六月”逼近了。

工作之余，常常会有高考生询问我有关升学的问题。其中有个孩子问了一个让我哭笑不得的问题：“姐姐，你觉得对于我们这些文科生来说，是不是去有文化底蕴的城市读书，才能有前途啊？”

遇到这样的孩子，我都会语重心长地告诉他们到哪儿读书并不重要，怎样把书读好才最重要。

我国是一个地大物博的国家，每个地方都有自己的地方文化，每一座城都有自己独特的灵魂，它只和善于发现它的美并懂得它的人相遇。很多东西，如果你不用心去了解，根本就不会懂得它的美好。你不了解，并不能说它没有。

其实，一个人在哪座城市读书或者工作、生活，并不一定能为它的文化底蕴加分。

一个对本地文化都丝毫不敏感的人就能对别的城市的文化敏感了吗？我觉得未必。一方水土养一方人，你身体里流淌的是你从小生活的那个地方的血液，你的各种习惯早已深深地融入你的骨髓里，你永远都会带着故乡的印记，不可能忘记你的根，即使你刻意忽略那些东西，也否认不掉。

02

生活中，有太多人活在想当然里，以为只要能去一个特别好的地方上学或者工作，自己也会变成特别好的人。但事实是，并不是把你放在古城的墙根下你就有文化了，也不是把你放在图书馆里你就有知识了。

每一个地方，都有它不可替代的价值。在哪里读书、工作并不重要，重要的在于人心。即便身处同样的环境，有心的人就能处处风景、步步莲花；而看不到身边风景的人，到了远方也一样会觉得乏味。你不必羡慕别人，能在自己的世界里活出精彩，同样也是一种快乐。

别人有别人的好，也有别人的不好，说不定你羡慕他们的同时，他们也在羡慕你。

看到朋友圈里的朋友们整天晒旅游、美食和购物的照片，感觉他们好像并不需要工作，钱就会不请自来，很多心理承受能力不好的年轻人开始觉得心里有点不平衡了，觉得自己事事不如意，学习不如意，工作不如意，什么事情都要自己亲自做，一天到晚累死累活。

他们感叹甚至怨恨命运对自己的不公，觉得别人都能有一场说走就走的旅行，而自己却只能做一场遥不可及的美梦。可是你知道就在你唉声叹气的时候，还有很多人依旧在拼搏奋斗吗？有句话说得好，有钱人并不可怕，真正可怕的是那些有钱的人比你还努力。

其实，我们从朋友圈和空间动态里看到的都不可能是别人生活的全部。现实生活中，每个人都需要为柴米油盐奔波，你只是没有看到他们熬夜工作，没有看到他们挥汗如雨地付出，没有看到他们在你休息的时候依旧独自奋战。你没有看到这些，是因为他们选择了默默承受，一个人扛着。他们只是觉得相比于羡慕别人，他们更愿意用双手为自己创造出美好的未来。

那些默默努力的人只是用了一点儿时间犒赏自己，在工作忙碌之余给自己一点儿闲暇的时间，给自己一份美食满足口腹之欲，给自己一个礼物慰劳自己的辛苦。而就当他们腾出点儿时间拿起手机拍下自己的小欣慰的时候，你却不淡定了，这难道不是你自己的问题吗？

你不用羡慕别人，不要刚站在人生的起点就开始无谓地抱怨，那样只会蒙蔽你的双眼。这个社会从来不缺职位，不缺资源，不缺成功的机会。你不主动去奋斗，不从身边的事情做起，成天想着天上掉馅饼，又怎么可能成功呢？

心中有风景，处处都是风景。倘若心中无风景，换多少地方，换多少工作，结果都是一样的。你现在处于什么地位，从事什么工作，只不过是你这个阶段的状态，如果想要改变，那先从改变内心开始。你要相信这世间处处是美好。

何必急着赶路呢，我们都还这么年轻

01

我相信所有的女孩子在小时候都曾做过一件事，那就是趁父母不在，偷偷去穿母亲的高跟鞋。

亮晶晶的皮鞋，细细尖尖的鞋跟，站在上面，像踩高跷一样，但是小孩子却觉得很兴奋，好像这样就踏进了成人世界，镜子里那个人再也不是丢三落四的小捣蛋，而是一个处事井井有条、搞得定一切的女超人。

也会有一个年龄阶段，虽然头顶花样繁复的发型，脚上还穿着时兴的帆布鞋，却羡慕地铁里穿着考究、妆容得体的城市白领。她们看起来永远都是那么从容淡定，待人处世温柔亲切，却也总能让人感觉出这亲切背后以柔克刚的力量。

整个成长阶段，我们一直在羡慕比我们年长的人，羡慕他们成熟，羡慕他们懂得多，羡慕他们比我们有能力。或者说，当年我们倾心的并不是什么高跟鞋或是套装，而是它们所代表的那个成人世界。他们从容，他们淡定，不会浪费无谓的汗水，却比我们更容易获得想要的东西。

在我们还年轻的时候，一直都在急着得到。

没有人比年轻人更没有耐性。可成熟的心态并不是一件随着时间就可以到来的东西，相反，成熟是一种不外流的智慧，它来源于经历，来源于沉淀，唯独不来源于心急。

02

我的朋友刚进公司实习时还是一个什么都不会的新人。大学教育虽然让她对课本上的定义烂熟于心，却仍然不知道怎么运用这些知识，使之发挥作用。看着公司里的其他人熟练地各自忙碌着，她觉得自己就像大机器里一枚不匹配的齿轮，整个公司都在正常运转，唯有她完全在状况之外。

她感到沮丧，感到焦虑。因为她只看得到自己对自己的期待，只看得到自己做错的事，却看不到她那些错误背后带来的成长。这种急于求成的心态击垮了她长久以来的自信，她在处理事务时开始变得保守，尽可能不暴露自己的缺点，当然，结果是她绕了更大的弯路来适应自己的工作。

两年后，已经升任组长的她再跟我谈起那一段时光时，她说自己最后悔的就是这份急于成长的羞耻心。一个刚刚上路的人，面对一条困难重重的山路，下意识的反应就是加速冲过去，尽可能地去避免路上的困难。这虽然是一个最简单的策略，可未必是一个最明智的策略。你冲得过这一条山谷，以后的旅途上，还会有千千万万这样苦难重重的山谷。何必急着赶路呢，我们都还这么年轻。

有些勋章，只有亲身经历过那些相关事情的人才能拿到。

所以别心急，接受镜子里映出的你今天的样子，认真做好自己，你想要的生活，就已经在路上了。

活出自己喜欢的样子，你会美得发光

01

前段时间，初中同学聚会，我见到了好久没有联系的珍榛。那种虽然十几年没联系却像昨天才分开的熟悉感，让我们喜极而泣。

时光倒回初中，我们两个人还是同桌，每天都像连体婴儿般腻在一起，形影不离。

周末放假不是她到我家写作业，就是我到她家一起玩耍。我永远记得那个午后，阳光透过窗户，洒进屋内，微风透过衣服柔抚肌肤，我和珍榛光着脚丫躺在沙发上，一边听朴树的歌，一边吃木瓜。

那是一段肆意却很美好的时光。

初中毕业那年，因为父亲的工作变动，她转学了。那会儿不像现在，每个人都有一部自己的手机，渐渐地我们就失去了联系。

这些年，我一直很想念她，我曾无数次在社交网站搜过她的名字，希望可以联系到她。在我心里，珍榛一直是我最要好的朋友，那是一段无论什么时候想起，都会让我红了眼眶的友谊。这次聚会，最大的惊喜就是我们的重逢。相邻而坐的我们互相讲述着分开这些年的经历，以及毕业后从事的工作。我们眼泪汪汪地听着彼此的过往，哭泣皆是因为开心。上学的时候，珍榛就和我分享梦想，她喜欢文学和艺术，她的梦想很简单，“我以后要坚持活出自己喜欢的样子”。她一直是个有主见的姑娘。

天知道我当时有多么羡慕她，因为我连梦想是什么都还不知道。父母让我干什么，我就干什么，让我学什么，我就学什么，哪怕自己不喜欢、不乐意，我也不会拒绝。

初中时的珍榛就展露出了她的艺术天赋，每天都给我唱好多让人陶醉的歌曲，她告诉我：“一定要学英文歌，当别人都唱中文歌的时候，你唱一首英文歌，这显得很酷。”

我听完这句话，对她崇拜得无以复加。那天的她眼神笃定，脸上有光。

她有一个笔记本，里面写了很多稚嫩却美好的小诗，让我看到了她不俗的文字功底与不凡的脑洞。

珍榛就是那样的姑娘，不管多少岁，不泯然众人，不淹没于人群，微笑、自信、勇敢地活出自己喜欢的模样。

02

然而不是所有的家长都认可孩子的梦想的，当初她报考大学的时候，想选传媒类专业，但家里炸开了锅，坚决不同意。

爸爸十分反对，说："学传媒，你要当主持人吗？你这是很危险的想法，那么多学生，有出息的就那么几个，竞争太激烈了，不靠谱。"

妈妈点头表示同意爸爸的话："珍榛，妈妈知道你有很好的文学功底，可学那些缥缈的东西有什么用啊，现在找工作不容易，还是听我们的，去学理科，以后出来好找工作。"

无论珍榛说什么，家里都不同意她报传媒类专业。无奈之下，她只好和父母商议，去北京学习企业管理。

珍榛对我说："其实那个时候我想通了，企业管理也行，并没有什么不好，毕竟我将来想当老板，那企业管理这个专业是有利于我的梦想的。"

听起来似乎也有道理。上了大学后，她认真上课，课余时间就去北京的电台打杂，虽然没有一分钱报酬。

她说："我那个时候也没资格要报酬，纯粹就是为了梦想，观察他们的流程、运作、沟通……我真的学到了很多，其实这就是给我最好的报酬了。"

03

刚毕业的时候，父母劝她找一份安稳的工作，比如考公务员，然后找一个条件差不多的男朋友结婚生子过一生。

珍榛说："一想到那种按图索骥、一眼望到头的生活，我就难受极了，我喜欢变化，喜欢自由，喜欢未知。"

为此她和父母认认真真地谈了一次，她说，未来的路想要一个人好好走，选择自己想要的人生，而且她会为自己的人生负责。这次，珍榛的父母虽然没有赞成，但也没有反对。

珍榛成了"北漂"大军中的一员。一个很好的机会，她去了一个著名的电台实习。后来改行做了编导，也是那两年，珍榛赚到了人生的第一桶金。

如今，她已经有了自己的文化公司，可以和各大电台合作。我问她的公司有多少人，她说不到十个，现在并不想扩大规模，心急吃不了热豆腐，急功近利反而会做不好。她现在是想做好口碑，至于规模，她想再耐心做几年，等到自己有足够经验了，再扩大规模也不迟。

这就是珍榛，坚持自己的节奏。我永远记得她说过的一句话：“生活中有很多东西都是浮云，但努力是你自己的。我们总要努力，活成自己喜欢的样子，才不辜负生活。”

04

其实有很多姑娘并不知道自己想要什么，喜欢什么样的生活，总是迎合别人眼中的完美来安排自己的人生。她们甚至会选择和不那么爱但条件不错的男人结婚。在我看来这才是最大的风险，因为不喜欢，所以也少了快乐。

而有些姑娘，无论身处何种境况，从不忽视自己内心真实的声音，一步步踏实地努力，埋头耕耘，不问收获。在岁月的剪影里，从容地活出自己的欢喜和独特。

命运偏爱努力不懈又执着奋进的人，珍榛真的活成了自己最喜欢的样子，每天都努力地工作和生活。

其实，生活对每个人来说都是一样的，不一样的是你的选择。努力决定了你的生活，心怀梦想砥砺前行，才会让自己变得足够强大。

你只要知道，努力向前走，向着自己喜欢的方向走，就不会错。因为你活出自己喜欢的样子，会美得发光。

每一枚海螺，都有一片自己的海

01

某年盛夏的一个傍晚，X市的一间小客栈里，被称为“曾掌柜”的老板给我讲了一个关于海螺的故事。

那时候的月光缥缈而又洁白，似一片柔纱落在他手中握着的那枚海螺上，在螺口映出珍珠般流畅的光泽。

至于他所讲述的，却并非关于“这一枚”海螺的故事，而是关于“每一枚”海螺的故事。

无论是那些被带走的，还是那些被留下的。

在曾掌柜还没有成为曾掌柜的时候，他只是一个平凡到不能再平凡的普通少年——不高不矮，不胖不瘦，不帅不丑，不开朗也不忧郁。

每当大家提起他的时候，都会说：“哦！就那个小曾啊。”后面再无下文。

“我想要的不过是大家能够稍微多留意我一点儿。比如‘哦！就是那个小王啊，咱们班学习最好的那个’，或者‘哦！就是那个小李啊，脑袋特别尖的那个’。这样明显的特点，总要比一个单薄的姓氏好认多了吧？”

确实，无论是学习好的小王，还是脑袋尖的小李，都要比“不知道让人说什么”的小曾更具有辨识度。

在这一点上，我很能够理解一个少年的不安全感：万一一个姑娘看上了自己，想要去向人打听，都没有任何典型特征可以描述……这多可惜。

也许真的由于那时的小曾太过平凡，从初中开始，他便发现自己身上出现了一种十分不幸运的现象。

他称它为“海螺之咒”。

“我从小就生长在海螺滩附近，常常会跑到这里玩耍。我见过太多太多的旅人，在海螺滩上挑选美丽的海螺带回他们远方的家。可是不是每一枚海螺，都会被选中——许多许多海螺，就在这样一次次的选择中被一次次忽略，仿佛谁都没有看见它。又或者，其实现实更加残忍：只是谁都没有看中它罢了。”

02

从初中开始，小曾就觉得，自己便是一枚永远无法被选中的海螺。

中学六年、大学四年之中，他从来没有被选为班干部——连小组长都没当过，更是永远不会被评为三好学生。他的成绩始终保持着最普通的状态：既不会因为优秀而得到表扬，也不会因为拖班级后腿而受到班主任的特别关注。

初中毕业的时候，班里成绩第一名的小王甚至对他说："我一直以为你是隔壁班的。"

小曾欲哭无泪。

他甚至跟我提起大学毕业的时候，老师将洗好的毕业照发到每个人的手上。过了一会儿，有人跑来大声说："刚才有两张毕业照印刷有问题，请大家看看是不是自己拿到的那份。"

那时候小曾心里升起一股希望：啊！也许我就是这两个人中之一！

他竟然因此激动起来。

可最终，连拿错相片的"特别"都没有降临到他的头上。

毕业后的小曾在各种选拔考试中屡屡失败，最终找到了一家不算太大的公司担任小职员。

然而辛辛苦苦干了五年，小曾竟然没有得到任何升职或加薪的机会，甚至晚进公司的许多新人，都很快跑到了他的前头。

那时候的小曾觉得，“海螺之咒”真的存在于自己身上。

他永远不会成为优等生或者优秀员工，只能按部就班地、远离别人注视地生活。

他永远不会迎来生活中的任何转机，更不用说所谓的奇迹。

甚至当他辞职的时候，人事部经理也只是拿着他的辞呈看了几眼，满面微笑地说：“那就祝你前程似锦啦，小曾。”

他说，那一瞬间，很想问眼前笑眯眯的经理：如果我盖住这份辞呈上的署名，您还能叫得上来我的名字吗？

然而他最终只是抖了抖嘴唇，沮丧地离开了公司。

离开公司后的小曾，在求职中四处碰壁。那些优秀的职位根本轮不到他，至于号称“若干年得到升迁后就如何如何”的职位，对身负“海螺之咒”的小曾来说更是毫无可信度。

最终，他选择回到海螺滩，经历辗转之后，开了一间小小的客栈。

他告诉我，那时心里最感激的，便是自己的爸爸妈妈，“他们虽然嘴上怪我辞职太任性，最终却在开客栈的时候事事帮我操心。更不用说最初投资的成本——我那五年的积蓄真是微薄得可怜。”

就这样，平凡到快要透明的小曾拥有了属于自己的小客栈。

但“海螺之咒”似乎依然影响着他——他的客栈生意从来不是最好的，也从来没有幸运地接待过什么特别的游客以供留影宣传……最终，也只有一步一个脚印地慢慢走下去。

“生意的事情，一言难尽，一言难尽啊……”说到自己的经营历程，眼前的曾掌柜说，“这不是咱们的重点，我就一笔带过吧。”

我笑道：“分明是怕泄露商业机密。总之，后来好起来了，对吗？”

“对。但最神奇的是，海螺之咒终于离开了我。”

03

某个清晨，晨练完的曾掌柜坐在客栈后院悠闲地喝着茶。那是一套大约十年前他同掌柜夫人在日本度蜜月时带回来的茶具，浅粉色，半透明琉璃质地，内壁盛开着几枝雪白的樱花。

一个年轻的男生背着双肩包正准备前往海边，看到曾掌柜那一套精美的茶具觉得有趣，便坐下要与他共饮。

曾掌柜跟他讲了许多海螺滩的奇闻，后来又从茶道讲到海螺的妙用。

“喏，就是这个——你听过吗？”说到这里，曾掌柜晃了晃手中那枚海螺，“这个叫玉螺，是种乐器，又名玉蠡。”

他轻轻用手握住螺口，双唇紧贴，小小的海螺便发出一声平稳的拉长音。

我啧啧称奇。

他有些不好意思地笑起来：“其实，个头大小、螺纹分布情况都会对音色有一定的影响。每只玉螺的声音都是特别的。”

我点点头。

那天，曾掌柜为那个年轻的男生吹奏了那枚玉螺。

那男生十分兴奋，自己也要求尝试。屡屡失败之后，曾掌柜笑着将玉螺赠予他，好让他日后慢慢练习。

起身告辞的时候，那个男生由衷地说：“真希望我快到四十岁的时候，也能像您一样幸福。”

正是这句话，让曾掌柜愣住了许久。

他从来都以为，他选择如今的生活，是因为他得不到其他的机会。

而没有其他机会的原因，则是——他永远不会被别人所选择。

在漫长的岁月里，他始终觉得自己不够优秀，不够出色，不够幸运。他对于每一次的机遇都抱有期待，却一次次都被人丢在了原地。

可是原来，在他还没有意识到的时候，“海螺之咒”早已经离开了他的生活。

又或者，别人的选择，最终也没有影响他值得的快乐。

就像沙滩上的一枚毫不起眼的海螺。

它不够有艺术气息，所以没有被画家放在画板旁边；它不够有光泽，所以没有被工匠做成漂亮的项链；它不够可爱精致，所以没有被拾海螺的小姑娘留作纪念。

可是，纵然拾贝壳的旅行者可以选择丢掉他不喜欢的那枚海螺，那枚来自大海的海螺，依然可以在每一个美丽的夜晚，幸福地迎接月亮的光泽；每一枚美丽的海螺，都会用漂亮的身体发出独一无二的声音。

这些属于海螺本身的美好，都比被人选中要有意义得多。

在漫长的生命里，我们总要一次次面对这永恒的命题——被选择，或者被拒绝。

可是我们终将明白，别人的决定，也许会一时影响我们的当下，却从来不能够代表我们自己的意义。

我们存在于这个世界上，从来就并非为了被他人挑选、评判。

离开海螺滩前的那个晚上，曾掌柜为我们吹起玉螺送行，其声呜呜然。

掌柜夫人旅行归来，正坐在旁边抱着他们可爱的小女儿一同认真倾听。

在夜幕笼罩下，海螺滩上的每一枚海螺都美得惊心动魄。

临行时，曾掌柜送了我一枚小小的海螺。写完这个故事的时候，我又将它拿起，放在耳边。

——你听，每一枚海螺里面，都住着一片自己的海。

在你喜欢的城市，过上你想过的生活

01

前几天，刘冉在微信上跟我倒苦水。她说今年国庆假期，她回了趟老家。结果她母亲每天都在她耳边唠叨个不停，说她也老大不小了，是时候考虑结婚的事情了，还让她节后回去把上海的工作辞了，赶紧回老家找个对象，尽快把婚期定下来。

刘冉的老家在一个偏远的小县城，那里的姑娘，凡是过了二十七岁还没结婚，都会被打上“嫁不出去”的标签。而她们的父母，则会承受巨大的心理压力，每天活在乡亲们的闲言碎语当中，感觉特别没有面子。每次刘冉回家乡，家乡的那些人总会不怀好意地对她指指点点，那种被当作异类的感觉，让她非常难受。

刘冉喜欢上海，这座城市生活节奏快，到处充满着新的挑战和机遇。她每天早起挤地铁，一路小跑着去上班，跟时间争分夺秒。工作很忙，但日子却过得很充实，这样的生活才是她想要的。

她的身边有很多三十多岁还没结婚的女性朋友，她们经济独立，追求高品质的生活。下班以后，刘冉经常会和她们约在一起吃饭、喝咖啡、聊聊八卦、分享美容心得。对于她们而言，婚姻从来都不是人生的必选项。如果没有遇到合适的对象，就这么一直单身下去也无所谓。

她们普遍认为，低质量的婚姻，远远不如高质量的单身。

作为一名独立理性的现代女性，刘冉一点儿也不想再回到那个封闭的环境里去生活。那里的人们从来不会考虑一些实际问题，总是想方设法将年纪轻轻的姑娘塞进世俗的模子里，从而扼杀她们人生更多的可能。

02

老杨的家乡是一座三线小城市。大学毕业以后，他并没有像其他的同学一样，选择去更好的城市发展，相反，在家人的建议下他进了体制内工作。哪怕外面的机遇再多，老杨也从来没有想过离开家乡。这里安逸舒适，没有高昂的房价，没有沙尘雾霾，生活节奏不紧不慢。老杨每天下班都会经过那条熟悉的老街，和遇到的老街坊打招呼。炊烟袅袅，周围的一切都充满着烟火气息的温暖。

老杨有一个感情很好的妻子和一个刚满一岁的孩子。每逢周末，他都会带上妻儿回去探望爸妈，一家人热热闹闹地吃顿饭，气氛特别温馨祥和。

如今老杨靠着工资供着一套三室一厅的商品房，每个月还会攒下一笔闲钱，打算以后出去旅游，生活过得有滋有味。

从老杨身上，我看到了人生中的另一种可能——一种不为名利和物质所绑架，只想随性而活的生活态度。

世界上有这样一部分人，他们生来就没有太大的抱负，也无心去追求荣华富贵，只想按部就班地过好自己的小日子，平平淡淡就是他们此生最好的归宿。

至于这种生活方式是好是坏，谁又有资格去评判呢？

人的一生有千千万万种活法。每一种遵循于内心的选择，都值得被尊重。

03

近年来，“逃离北上广”成了年轻人热衷讨论的话题。一线城市过高的生活成本和竞争压力，致使不少人黯然离开，剩下一部分人还在苦苦地熬着，等待着翻身的那一天。

朋友小七大学毕业后就去了广州实习，一个人租了套房子。每月工资除去支付房租和生活费以外，所剩无几。小七是跑业务的，每天晚上陪客户应酬完以后，为了省下打车的钱，基本都是走路回家。家门外的那条街晚上黑灯瞎火，像是没有尽头。有时候，小七也会感觉自己撑不下去了，他不知道这种生活到底什么时候才是个头，茫然得看不见未来。身边不少同学因为实在坚持不下去，有的去了二、三线城市发展，有的索性回了老家。

苦苦熬过一段日子以后，小七因为业绩突出，终于被公司提升为部门主管，薪水翻了不止一倍，也总算是在这座城市站稳了脚跟。

当你站在人生的岔路口时，不可避免地会面临彷徨和无助。如果认准了目标，请不遗余力地坚持下去。熬过那个艰辛的时刻，一步一脚印，把生活过成你想要的样子。

无论你选择了在哪里扎根发展，只要认清自己的方向，忠于自己的内心，那么等待你的，便是更好的明天。

04

当你选择了在某座城市发展，就意味着你选择了一种生活方式。你心甘情愿地在这里奋斗打拼，赌上自己的青春和时间。

不管以后的你有没有得到你想要的一切，这段经历对于你的一生而言，都必然有着深远的影响。

多年前看过一部美国电影《布鲁克林》。

爱尔兰少女伊莉莎离开了自己生长的家乡，远赴千里之外的布鲁克林，开始了背井离乡的全新生活。伊莉莎工作勤勉，不但认识了一些有趣的新朋友，还找到了一个深爱她的意大利男友。当她收到母亲从爱尔兰寄来的家书时，却哭得泣不成声。

电影的结尾处，有一句令人难忘的旁白：“终有一天，太阳再次升起，一切悄无声息。你会开始思考其他事情，会挂念一个和你过去有过交集的人，一个只属于你的人。那时你就会明白，这就是你的安身之地。”

愿你在你所在的城市，过上你理想的生活。那个让你感到踏实而又笃定的地方，就是你的归宿，你的心之所向。

心在哪里，家就在哪里。

只要你想奋斗，哪里都是你的北上广

01

昔日的同学每次看到我发公众号文章，都很是羡慕：“你们在北上广的人真好，每天生活得都很精彩，不像我们，待在老家，每天就是混日子，一丁点儿奋斗的欲望都没有。唉！”

聊天中，她跟我大吐苦水。我这才知道，高考落榜后，她也曾去上海闯荡过两年，但是因为太累太苦，父母又逼她回家结婚，她也就顺从地回到家乡，结婚生子。

如今，她在一个超市做收银员，薪水不高，但很轻松。老公帮别人开长途车，工作不分昼夜。孩子已经上高二了，整天逃学。她现在唯一的愿望是，孩子能考上外地的大学。如果考不上，赶也要把他赶到外地去打工，让他好好吃苦，好好奋斗，好好创业。

我竟无言以对。

谁说只有在北上广，才有理由奋斗？

02

不可否认，离开家，等于离开你的舒适区，离开你的人脉网，离开你的安全地带，这意味着，你要付出更多，才能拥有别人可能与生俱来的一些东西，你必须奋力拼搏，才能闯出自己的一片天地。我身边确实有不少这样的例子，很多异乡人都通过自己的努力，在大城市站稳脚跟，融入了当地的生活。

但这并不意味着，只有到了北上广，你才有奋斗的资格。实际上，只要你想奋斗，哪里都是你的北上广。

留在家乡有留在家乡的好，因为你也许可以站在父母的肩膀上起跳，少走很多弯路，少吃很多苦，有房有车，衣食无忧。当然，留在父母身边，你也可能会因为舒适而忘记了自己的梦想，或失去奔跑的动力。

很多人都以为北上广遍地是黄金，到处是机会，所以对来北上广闯荡的人充满羡慕之情，但他们不知道的是，每年也有很多人挥泪告别北上广，黯然回到了家乡。因为，北上广的竞争更激烈，生活成本更高，只有无比坚韧的人才有可能留下来。

受各种条件所限，不是每个人都有机会到北上广闯荡的。但真正值得人羡慕和学习的，是让你心中寄存的梦想和斗志，不会轻易被现实所击垮的精神。

03

我的旧日同学中，能从家乡小城走出来的不多。因为我性情疏离，所以与当年的高中同学鲜有联系。就我所知道的不多的几个人之中，有的通过努力当上了乡镇领导，有的做起了产品代理，天天到处出差，有的开了自己的公司。他们都按照自己的人生蓝图，活出了应有的精彩。

老友阿杰，中专学历，毕业于某水利学校。因为不想留校当老师，就被分配到了离家很远的地方。但父母心有不舍，就劝他调回家乡水利系统的打井队。

当他发现微薄的工资无法满足生活所需时，就开始用所学的专业接起了私活儿。等到这些收入足以满足生活所需时，他就索性辞职，开了家小公司。

刚开始创业时很难，先是各处找项目；找到项目了，又需要提前垫付资金；资金筹到了，又要建团队，买设备；好不容易等项目完工了，还可能出现意想不到的新问题……

如今，二十年过去了，当年的农村小伙儿通过自己的努力，开上了奔驰，住进了别墅，把孩子送到了国外去念书。他得到的已经远远超出预期，但个中辛酸，谁又能真正体会呢？他们因为各种原因留在了家乡，但没有被剪去腾飞的翅膀，没有被打断奔跑的双脚。没有人规定离开了家才算是奋斗，没有人规定留在故乡就注定没有梦想！当别人因为没去北上广而后悔遗憾时，他们却在用自己的双脚拼命奔跑，去追逐自己心中的北上广。

真正勇敢的人，无论是在北上广，还是在家乡小城，都会脚踏实地，为了生活拼尽全力。他们迎难而上，像一只只骄傲的凤凰，将一次次的失败和挫折当成一场场可以涅槃重生的大火。他们不会因为身在北上广，而贪恋家乡的安稳；也不会因为身在家乡，而羡慕北上广的遍地机遇。

因为，真正的北上广，不在别处，正在每个人的心里。

为自己而活，也为他人负责

01

前几天接到K小姐的电话，她在机场，嘈杂声掩不住她的中气十足：“妹子，我出差正好转机去你那里，你要有空的话，我们见一面吧？”

我爽快地答应了，立即赶去机场等她，直到她笑吟吟地站在我对面，我才认出她来。上一次见她，大约是五年前，当年的她还是清汤挂面般的发型，每天穿着普通的白衬衣和牛仔裤去上班，脸上带着年轻人特有的稚气，像一只刚出笼的小鸭子。

时光真是好不公平，她的同龄人大多被雕琢得满面沧桑，唯独她完美地褪去了少女时代的生涩和懵懂，整个人甜美得像一个熟透的红苹果。

看见我吃惊、羡慕又嫉妒的眼神，她十分受用地笑着点点头，贴过身来说：“我今儿可是特意打扮了的，我的初恋男友正好是我客户公司的联系人，一会儿就要跟他见面了。”

看着她摘下墨镜，露出不复清澈明媚的双眼，我再度感到吃惊，说：“可是，你不是已经结婚了吗？”

K小姐无名指上的钻戒闪闪发亮，我印象中的她可不是如此痴情的人，便接着问：“你不会还在喜欢你的初恋男友吧？”

她哈哈一笑：“怎么可能！你真是小说看多了。我只是想着既然要见面了，总不能让人家太失望吧。万一他发现我现在变成了苍老刻薄的黄脸婆，岂不是要暗自质疑自己当初的眼光。”

没寒暄几句，她的初恋男友就提着公文包匆匆出现。不愧是当年的校草，即便满头大汗，也不失绅士风度，替她拉开副驾驶座的车门。他们一路上有说有笑，好像从来不曾有过刻骨铭心的恋爱和惊天动地的分手。

他们满意地偷偷打量着彼此，依然带着一如当初那般不肯服输的骄矜。即使她不再青春，即使他不再年少，他们依然不曾辜负记忆里的彼此，不曾为消耗在彼此身上的时光而后悔。

他走了之后，她哀怨地抚着脸说：“好久没有化这么浓的妆了，年纪大了皮肤果然比从前差得远啊，不知道这次又要被过敏折腾多久。”

我翻翻白眼说：“活该，谁让你臭美来着。”

她叹息似的对我一笑："妹子，你不知道的，被爱着，哪怕是曾经爱着，都是很重的责任。"

谁愿意看到自己曾经爱过的班花变成一个皮肤晦暗、腰身粗壮的大妈？谁愿意看见自己爱过的穿着白衬衣、眼神忧郁的小帅哥变成一个有啤酒肚、满嘴黄牙的大叔？即便知道时光催人老，即便知道回忆是不能重来的，又有多少人愿意面对现实？

这样的物是人非，你难道不会鄙夷自己当初的眼光，不会在心中生出几分轻蔑，默默地感叹一句"谢君当年不娶恩"，不会质疑自己当初到底是怎么喜欢上这个人的？

我理解K小姐的做法。即便多年不见，她的美丽与他的英挺依然平分秋色，他们依然可以站在同一个层面惺惺相惜。纵使早已不再是同一片天空，也永远不曾后悔当初爱过一场。

02

再讲另外一个朋友的故事。

她一个人从西安去北京闯荡，梦想着做年薪三十万的女强人。

她在西安一所大学毕业后，不顾父母的反对，一心北上要去闯自己的世界。她偷偷买了火车票，偷偷跑出了家门，临行前给父母留了一张字条："趁我现在还年轻，没家庭没孩子没什么负担，就让我狠狠地去拼一拼吧，要不然我会不甘心的。"

她的老板是传说中将女人当男人用、将男人当牲口用的狠心人，而她比她的老板更狠，自觉地把自己当成了骡子——至少三头骡子。她可以一周连着出差三个城市，下了飞机就去公司盯项目；她可以加班到深夜，打不到出租车就踩着七厘米的高跟鞋步行近一个小时回家；她可以巧笑倩兮地陪客户喝下一杯又一杯红酒，连眼皮都不眨一下。

她的生活里没有生活，只有不分白天黑夜的工作和拼命。

而这样的拼命没有辜负她，大概是第三年，当别人还是小毛头的时候，她就已经坐到了执行副总的职位，拿着很多同龄人想都不敢想的年薪。她像一个斗志昂扬的战士，雄赳赳、气昂昂地奔赴战场。

直到她在一场洽谈会上突然晕倒，她的生活才终于发生改变。

医生告诉她，她是因严重缺乏睡眠而导致的过度劳累，需要好好休息。在她昏睡的时候，公司同事拨通了她入职时登记的家属联系电话。

第二天醒来，她准备办理出院手续，重新投入工作中。送单据的小护士跟她说："楼梯口坐着的那个人，你认识吧？昨晚在病房里陪了你一会儿就一直坐在外头。”

她老远就看到了父亲，父亲的背影看上去像是老了十多岁。她怯怯地走上前，低着头小声说：“爸，你怎么来了？我没什么事，我已经是个大人了，能照顾好自己。”

父亲深深地看了她一眼：“你还知道自己是大人，都能把自己弄成这副鬼样子。我和你妈知道你好强，可我们不图你养活，即便你不在我们身边也无所谓，但你好歹把自己的日子过得好一点儿，行不行？”

父亲伸出手在她腕上一握：“小时候肉乎乎的胳膊，现在跟柴火棍一样。你现在是长大了，独立了，可是你不要忘了，你永远都是我们的女儿。”

她是个单身的女强人，没爱人、没孩子、没负担，正是拼搏的好年华，可她也是一个被父母捧在手心里的女儿。

女儿每走一步，背后都有着那样两双挂念的眼睛，明明万般不舍和心疼，却连劝她放弃的话都不舍得说。

人们在爱着的时候，总是把自己当作超人，愿意承担起整个世界。不漂亮的可以化妆，不苗条的愿意瘦身，不优秀的拼了命地靠学习充实自己，愿意为所爱的人变得无所不能。

可是人在被爱的时候总会显得任性，就是要做想做的自己，跟任何人都没关系。

没有人是一座孤岛，每个人的身份除了“我”这个独立的个体之外，还会是子女、伴侣、好友等，而这些带着标签的身份，不仅仅是一个名词，也是一种责任。为自己而活，也为他人负责，或许才是对待这份责任的正确态度。

所以，如果你不能做一匹什么都不在乎只爱飞驰的野马，如果你还留恋着各种身份标签带给你的美好回忆与享受，那就坦荡一点，勇敢一点，承担起你应该承担的责任。不要一边享受着“被爱”带给你的温暖，一边像只倔驴一样梗着脖子说你才不在乎，并不断叫嚣着自由万岁。